圖解系列

圖解

研究方法

榮泰生 著

林碧芳 審定

第三版

五南圖書出版公司 印行

 # 自 序

　　研究方法是針對企業環境、策略、組織內部結構，以及企業的利益關係者（如員工、消費者）所進行的研究，其目的在於報導、描述、解釋或預測某些現象。研究者可能是企業內部人士，可能是委外的專業研究機構，也可能是從事學術研究的學者或學生。不論由誰主持研究，研究者都必須先有一個明確的研究問題。在學術上的專題研究隨著研究者、研究要求的不同，又可分為「大三專題研究」、碩士論文研究、博士論文研究。不論何種層次的學術研究，研究者都必須了解研究方法，並遵循一定的研究程序。

研究方法被企業廣為應用

　　企業研究是「解決問題」導向的。這些問題可說是林林總總，不一而足，它們包括了某些非常特定的問題，例如，何以消費者對於公司的產品偏好改變了；何以降價看不到立即而明顯的銷售效果；分群的潛在顧客對產品的態度，何以沒有顯著性差異；何以財物誘因無法激勵部屬。

　　近年來，企業研究方法被應用得愈來愈廣泛，例如：廣告公司的研究人員，利用調查法來研究消費者的行為，利用實驗法來了解廣告的效果，政府機構或民間團體利用調查法來了解民意、預估選情。學術研究者利用質性研究來深入了解企業問題，進而提出富有創意的命題等。

本書特色

　　本書共分四篇。第一篇將介紹企業研究的基本概念，包括緒論、研究程序、研究計畫書。第二篇說明研究設計的有關課題，包括測量、量表、抽樣計畫（包括抽樣程序、樣本大小的決定）。第三篇說明資料蒐集與分析方法，包括次級資料、調查研究、調查工具、實驗研究。第四篇說明質性研究方法，包括觀察法、質性研究。

　　本書的撰寫，秉持了以下的原則。這些原則構成了本書特色：

　　(一)平易近人，清晰易懂：以平實的文字、豐富的企業管理例子來說明原本是艱澀難懂的概念及理論，讓讀者很容易了解。

　　(二)目標導向，循序漸進：根據筆者指導研究生及大學生撰寫論文、專題研究

的多年經驗，筆者充分了解讀者所需要的是什麼、所欠缺的是什麼。同時，本書的呈現次序是依循研究程序（research process），也就是要完成一個高品質研究所應有的各階段，以便於讀者做有系統的了解。

(三)科技導向，掌握新潮：新科技的層出不窮，使我們提升了研究品質，加快了研究的腳步。本書充分的掌握了新科技所帶來的好處，例如：我們將介紹以CD-ROM查詢有關的次級資料；透過國際網際網路（Internet）來檢索有關資料；利用適當的軟體來分析量化或質性資料。本書也說明了如何以網路問卷的方式來蒐集初級資料，以提升資料蒐集的效能與效率。

(四)量化與質性研究並重：本書雖以量化研究為主，但對於質性研究亦有相當著墨。不論進行量化研究或質性研究，均可從本書獲得清楚的概念，建立扎實的研究基礎。

歡迎撿芝麻

本書融合了美國暢銷教科書的概念精華，並輔之以筆者多年在教學研究及實務上的經驗撰寫而成。本書可作為大學及專科學校「行銷研究」、「研究方法」的教科書，以及「行銷管理學」、「管理學」、「企業管理學」、「策略管理學」（企業政策學）的參考書。在企業的管理者、負責行銷研究的人員，以及廣告公司的企劃、研究人員，亦將發現這是一本奠定有關理論概念、充實實務知識的書。

本書得以完成，輔仁大學金融與國際企業系、管理學研究所良好的教學及研究環境使筆者獲益匪淺。筆者在波士頓大學與政治大學的師友，在概念的啟發及知識的傳授方面更是功不可沒。父母的養育之恩及家人的支持是筆者由衷感謝的。

最後（但不是最少），筆者要感謝五南圖書出版公司。本書的撰寫雖懷著戒慎恐懼的心態，力求嚴謹，在理論概念的解說上，力求清晰及「口語化」，然而「吃燒餅哪有不掉芝麻粒的」，各位，歡迎撿芝麻！

榮泰生（Tyson Jung）

輔仁大學管理學院

2013年6月

本書目錄

本書目錄

本書目錄

第 一 篇

企業研究的
基本概念

第①章
緒　論

●●●●●●●●●●●●●●●●●●●●●●●● 章節體系架構▼

Unit **1-1**
研究定義與類型

企業研究（business research）是針對企業環境、策略、組織內部結構，以及企業的利益關係者（如員工、消費者）所進行的研究，其目的在於報導、描述、解釋或預測某些現象。

一、何謂研究

「研究」（research）涉及到如何界定研究問題、建立概念架構、發展研究假說、進行研究設計，以及如何蒐集資料、如何分析資料、如何做研究結論，並提出研究建議。研究問題可說是林林總總，不一而足，它們包括了某些非常特定的問題，例如：何以消費者對於公司的產品偏好改變了。

研究方法論權威柯林格（Kerlinger, 1986）對於科學研究（scientific research）的定義如下：科學研究是以有系統的、控制的、實驗的、嚴謹的方法，來探討對於現象之間的關係所做的假說（hypotheses）。

二、研究類型

研究可用量化（定量）或質性（定性）、基礎或應用來加以區分。

(一)量化研究或質性研究：量化研究亦稱定量研究（quantitative research），是蒐集大量資料，以驗證所提出的假說。量化研究是採用演繹法或演繹推理。本書的討論，如無特別說明，均指量化研究。質性研究（qualitative research）亦稱定性研究，是針對少數個案蒐集資料，來提出命題。質性研究是採取歸納法或歸納推理。質性研究常被用來做政策（包括企業政策）、方案（包括促銷方案）考核的研究，因為質性研究比量化研究更能有效地回答「如何」、「為什麼」的問題，以及檢視攸關性、意外效應、影響的問題。

(二)基礎研究或應用研究：基礎研究（basic research）又稱為純研究（pure research），所涉及的研究問題是對於研究者的智慧有相當挑戰性的問題。這些問題在目前或在未來實務上的應用，可能可以，也可能不可以。這樣的研究工作常常牽涉到非常抽象的、非常專業的概念。研究者如欲對某個企業管理的領域進行純研究，他必須先深入探討該領域的有關研究，了解這些研究的概念和研究假說，以進一步判斷哪些研究值得去做。從事基礎研究者絕不能孤立進行，他們必須在一個整合性的概念架構內，以過去的研究為基礎，進行延伸性的後續研究。

顧名思義，應用研究（applied research）是將研究的成果，應用在目前的企業上，以解決企業問題。在企業管理的領域中，應用研究所涵蓋的範圍很廣，包括生產、行銷、人事、研究發展、財務、資訊管理、社會責任研究（包括消費者告知權研究、生態影響研究、法律限制研究及社會價值及政策研究）等。

研究定義與類型

專題研究4特性

1.專題研究是有系統的

　它是事先規劃周密、組織嚴謹的過程。

2.獲得資訊的方法是客觀的

　這些方法不因研究者的個人喜好、研究過程而有所偏差。

3.專題研究的過程著重於提供有效的資訊，以幫助企業管理者做決策

4.由專題研究所蒐集的資訊是幫助決策者解決特定的企業問題

　例如：消費者認知、態度問題等等。

主要的企業研究策略的特色

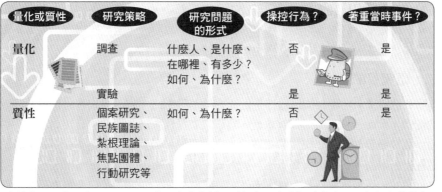

量化或質性	研究策略	研究問題的形式	操控行為？	著重當時事件？
量化	調查	什麼人、是什麼、在哪裡、有多少？如何、為什麼？	否	是
	實驗		是	是
質性	個案研究、民族圖誌、紮根理論、焦點團體、行動研究等	如何、為什麼？	否	是

資料來源：修正自Robert K.Yin著，尚榮安譯，《個案研究法》（臺北：弘智文化事業有限公司，2001），頁29。

量化研究與質性研究的差別

特徵	量化	質性
本體論（什麼是真實的）	「真實」是客觀的且唯一的	「真實」是主觀的且多樣的，如同研究者所觀察到的
研究者與被研究者	研究者應該獨立於被研究者，因此研究者是價值中立的（value free），也就是研究者的價值觀不會也不應影響被研究者	研究者應與被研究者互動，因此被研究者的價值，多少會受到研究者的影響
研究推理	演繹法	歸納法
研究程序	建立假說、驗證假說、獲得結論	說明研究問題、提出命題或理論

Unit **1-2**
研究方式與目的

圖解研究方法

研究具有下列三個主要方式，以及四個目的；加以了解後，將有助於研究。

一、研究方式

(一)探索式研究：當研究者需要更多的資訊，以使得研究問題變得更為明確時，或者當研究者對於在正式研究進行時所可能遇到的問題沒有清楚的概念時，最好先進行探索式研究。探索式研究的優點，就是能使研究者在有限的資料之下，進行小規模的研究。

(二)描述式研究：當研究者必須了解某些現象或研究主體的特性以解決某特定的問題時，就必須進行描述式研究（或稱敘述式研究）。描述式研究可能是很單純的，也可能是很複雜的，並可以在不同的研究環境（例如：現場環境、實驗室環境）中進行。

(三)因果式研究：在因果式研究中，必須假設某一變數X（例如：廣告）是造成另一變數Y（例如：對於大海口香糖的態度）的原因，因此研究者必須蒐集資料以證實這個假說。同時，研究者也必須控制X及Y以外的變數。

二、研究目的

(一)報導：對現象加以報導是研究的最基礎形式。報導方式可能是對某些資料的加總，因此這種方式是相當單純，幾乎沒有任何推論，而且也有現成資料可供引用。比較嚴謹的理論學家認為報導稱不上是研究，雖然仔細的蒐集資料對報導的正確性有所幫助。但是也有學者認為調查式報導（investigative reporting，是報導的一種形式）可視為質性研究或臨床研究（clinical research）；研究專案不見得要是複雜的、經過推論的才能夠稱得上是研究。

(二)描述：描述式研究在企業研究中相當普遍，它是敘述現象或事件的「誰、什麼、何時、何處及如何」的這些部分，也就是它是描述什麼人在什麼時候、什麼地方、用什麼方法做了什麼事。這類研究可能是描述一個變數的次數分配，或是描述二個變數之間的關係。描述式研究可能有（也可能沒有）做研究推論，但均不解釋為什麼變數之間會有某種關係。在企業上，「如何」的問題包括了數量、成本、效率、效能，以及適當性的問題。

(三)解釋：解釋性研究是基於所建立的概念性架構（conceptual framework）或理論模式來解釋現象的「如何」及「為什麼」這二部分。

(四)預測：預測式研究是對某件事情的未來情況所做的推斷。如果我們能對已發生事件（如產品推出的成功）建立因果關係模式，我們就能利用這個模式來推斷此事件的未來情況。推斷未來事件時，可能是定量的，也可能是機率性的。

研究方式與目的

研究3方式

1.
探索式研究
（exploratory study）

2.
描述式研究
（descriptive study）

3.
因果式研究
（causal study）

研究4目的

1. 對現象加以報導（reporting）

2. 對現象加以描述（description）

企業上的「如何」問題

① 數量 → 數量如何成為這樣？
② 成本 → 成本如何變成這樣？
③ 效率 → 單位時間之內的產出如何變成這樣？
④ 效能 → 事情如何做得這樣正確？
⑤ 適當性 → 事情如何變得適當或不適當？

3. 對現象加以解釋（explanation）

4. 對現象加以預測（prediction）

研究者在推斷未來的事件時，可能是定量的（數量、大小等），也可能是機率性的（如未來成功的機率）。

知識補充站

質性研究較能看到事件本質

質性研究的個案是研究者依其研究目的而刻意選定的，例如：績優企業的白手創業家、在經濟不景氣時代卻能扭轉乾坤的企業領導者；在質性研究中，研究者的角色與地位相當重要（研究者與研究對象打成一片，或融入後者的生活中，進行長時間的觀察），而在量化研究中，研究者比較採取中性的、超然的地位（例如：研究者利用網際網路問卷進行調查研究時，無需與受測者進行人際互動）；質性研究著重於文字、語言、符號（如面部表情、手勢、姿勢等）的深層意義，因而比較能夠看到事件的本質（如某人拒喝某牌啤酒是與孩提時代的某個經驗有關）。

Unit 1-3
社會科學的重要哲學概念

同樣在進行研究，為什麼研究者們會相互批評對方的研究作品文不對題呢？

一、為什麼會相互批評

許多質性研究作品常被批評為文不對題、缺乏科學根據。同樣的，也有些研究者認為，以數量方法來解釋企業問題的話，會太過於人工化、非人性化，或者會對於複雜的企業問題做太過單純的詮釋。他們認為，與被研究者互動所產生的了解及經驗分享，會比透過數學模型所產生的邏輯的、精準的解釋，更具有令人滿意的解釋結果。以悲天憫人的胸懷、將心比心的情操來進行研究，如果不能取代嚴肅冷峻的邏輯推論的話，至少也可以相輔相成。會有這樣的相互批評，是因為彼此不了解對方的思維學派之故。社會科學的主要思維學派計有下列五種。

二、社會科學的主要思維學派

(一)本體論（ontology）：指去了解什麼是真的。研究者在研究社會現象時，很重要的問題是去研究什麼是真相，但是由於人類思想的謬誤（見Unit 1-4），因此很難發現真相，進而忽視了現象的「本體」。

(二)認識論（epistemology）：指研究者從哪裡取得與形成知識。有些研究者認為知識要透過系統調查或實驗及客觀統計分析產生。但另有研究者認為知識是永遠無法被客觀檢驗；知識本身就是主觀，唯有透過親自參與，嘗試詮釋被觀察者或受訪對象的主觀想法、作法，如此所建立的知識才是最有價值。

(三)方法論（methodology）：此涉及到如何取得與形成知識，是思考和研究社會現實的方法。認識論與方法論息息相關。方法論有時被稱為「方法的哲學」，可被廣泛界定（如量化方法論、質性方法論），也可被精準界定。它包括研究推理背後的假設、價值觀及研究者用來解釋資料獲得結論的標準。在企業專題研究領域中，存在不同的方法論或了解企業行為與環境的方法或標準。物理學家通常不是他研究對象的一部分，這使得許多社會科學家質疑社會科學是否也能一樣。物理學與社會科學在這方面的爭辯，涉及到方法論的問題，而不是方法的問題。

(四)方法（method）：指蒐集資料的技術或工具。例如：物理研究者與企業研究者所用的方法不同，即物理學家不會用意見調查，而社會科學也不會用電子顯微鏡來做研究。但是我們也可以說，他們所用的方法是相同的，只是在測量工具的精確度上有所不同。值得提醒的是，調查研究與實驗研究要用定量分析技術才適當，而觀察研究可用質性資料分析技術或量化分析技術。

(五)典範（paradigm）：一種類型、範例或模式，是研究者透視世界的窗口。在企業管理領域中，典範是觀看環境因素的參考架構，包含著一組概念及假說。

社會科學的重要哲學概念

「主義」（-ism）是一種思維的來處。比較常見的兩種主義如下：

1. 實證主義（positivism）：是以親身的體驗與理性的查證作為知識的基礎

質性研究的方法也是植基於實證主義的哲學觀上，其主要作法（或者說目的）是在建構理論。以實證方式來進行的質性研究稱為分析式的質性研究（analtical qualitative method）。研究者在運用構念（construct）作為描述與分析的基礎。

2. 詮釋主義（interpretivism）：深入了解「人」，才能產生真正的知識

研究者認為，知識是建立在人與人互動的社會化過程中，研究者必須深入人們每日的生活和作息、潛入人們所處的社會情境中、了解人們所用的語言，並且體會人們在互動中所產生的結果。

決策形成的3種典範

1. 理性典範：此典範認為決策是「理性、周延的決策制定方式」

理性決策的過程

①決策者明定目標，並謹慎的處理每一個問題。
②蒐集完整資料、徹底分析這些資料、研究各種可行方案，包括本身風險和結果。
③規劃一個詳細的行動方案。

2. 漸進調適典範

林布隆（Lindblom,1959）在〈模稜兩可之學〉（The Science of Muddling Through）這篇文章中認為，在做決策時，決策者會不斷比較各種可行方案，「走一步、看一步」。這種方法與其說是一種理智的程序，倒不如說是碰碰機會的方式，因此他認為決策者是擅於調適的人，但在調適的過程中自有其目的。這種漸進的方式（incremental），他稱之為「連續限制的比較法」（comparisons of successive limitations）。

> 在真實的生活中，高階管理者並不考慮所有可能的行動，但一旦找到令人滿意的解決方式，他們通常會停止進一步的探求。換言之，他們認為決策只有「滿意解」（satisficing solutions），而無所謂的最佳解（optimal solutions）。

3. 「垃圾罐」典範

對於理性決策批評得最為激烈的，非 March and Olsen 莫屬。他們對於「先行存在的目標指引了組織選擇」的論點提出了猛烈抨擊。他們認為決策的產生是下列四個部分獨立的因素所產生的結果。

①一系列的問題　　②一系列的潛在解決方案
③一群參與者　　　④一系列的選擇機會

> 他們把組織視為「垃圾罐」，其中不同的參與者會將各種不同的問題及解決方案傾倒在這個「垃圾罐」中。他們把組織視為「有組織的無政府狀態」（organized anarchy），因為組織對於要做什麼、應該如何去做，以及由誰決定去做，並沒有明顯的共識。只有問題（如銷售量下降）、解決方案（如發展出新產品）、相關參與者（如公司的高級主管），以及選擇的機會（如年度銷售檢討大會）在互動時，決策才會產生。

Unit **1-4**
為什麼要學習研究方法

近年來，研究方法（research methods）被應用得愈來愈廣泛，例如：廣告公司的研究人員利用調查研究來了解消費者的行為，利用實驗研究來評估廣告效果；政府機構或民間團體利用調查研究來洞悉民意、預估選情等，可見好處甚多。

一、研究方法會帶來什麼益處

研究方法可以增加管理者的知識及技術，也可以幫助他們解決問題，增加決策效能及效率，如此企業才能夠應付詭譎多變的環境，獲得競爭優勢。

企業研究方法（business research methods）是有系統的探索企業問題，以獲得資訊解決企業管理的問題。這個課程的重心在於培養在商業、非營利機構、公家單位的研究人員，以及在校欲從事研究、撰寫論文的人員，如何利用科學方法以解決企業上的、學術上的問題，達成其研究目標。

近年來，企業環境的變化非常急遽；科技的突破、新產品的不斷推陳出新、社會文化的變遷、消費者意識的抬頭等等，無不帶給企業前所未有的挑戰。管理者在擬定有效的策略以因應這些環境時，首先必須了解目前的環境及預測未來的環境變化。為了要了解環境，非靠有效的研究方法及技術不為功。

二、管理者獲得研究技術的好處

在組織內的各企業功能（生產、行銷、資訊管理、人事、研究發展、財務）的管理者，也會因為獲得研究技術而獲益匪淺。

(一)蒐集資料： 管理者在做決策時，必須獲得充分、有效的資訊。如果不能靠研究部門來蒐集及分析資料，就必須親自來做。這時他就一定要擁有某種程度的研究技術，以進行資料的蒐集。

(二)可獲得賞識： 企業功能的管理者可能會被高級主管指派進行研究，尤其在工作生涯的早期階段（這是一個對事業生涯發展的絕佳機會），如果他們能以非常專業的態度、方法進行研究，提出研究報告，必然能獲得高級主管的青睞。

(三)可精準評估委外研究的品質： 企業功能的管理者常要委託外界組織來進行研究，如果管理者了解研究設計，他們就可以評估受委託單位的研究品質，並評估這些研究對企業的幫助。這樣的話，必可使組織節省大量的時間及金錢。

(四)解決目前的管理問題： 由於許多決策法則都是根據先前研究專案所蒐集到的資料而訂定的。如果管理者具有研究技術，他就可以評估先前研究的適用性，以解決目前的管理問題。

(五)專業研究人員的市場需求日殷： 尤其在行銷研究、財務分析、公共關係、人力資源管理及作業研究方面，擁有專業研究技術的人員會有美好的前程。

研究方法的好處

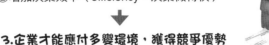

1.增加管理者的知識及技術

⬇

2.幫助管理者解決問題

①增加決策效能（effectiveness，決策做得對）
②增加決策效率（efficiency，決策做得快）

⬇

3.企業才能應付多變環境，獲得競爭優勢

管理者獲得研究技術的5好處

1. 做決策時，可獲得充分、有效的資訊

管理者在蒐集資料進行研究時，可能涉及到對既有資料庫及資訊來源做資料採礦（data mining）的工作，或者初級資料的蒐集。

2. 可提出專業的研究報告，獲得高級主管的青睞

3. 可精準評估 委外研究 的品質

　　如學術單位、廣告公司、管理顧問公司

4. 可以評估先前研究的適用性，以解決目前的管理問題

5. 專業研究人員的市場需求日股，會有美好的事業前程

知 識 補 充 站

人類思想的謬誤

1.部落的偶像（idols of the tribe）：也就是說對於一個問題，先照自己的意見決定好了，然後才去尋找支持的證據或經驗，再把經驗捏揉得和自己的意見相同。他不是由一系列的邏輯線索來求得結果，而是由結果來尋找線索。

2.山洞的偶像（idols of the cave）：這與個人的性格有關。有些人會在他的潛意識中形成「洞」或「巢」，這個「洞」或「巢」常會把自然光線遮著，於是在判斷事物時，就戴上了有色眼鏡（這就是所謂的「刻板印象」）。

3.市場的偶像（idols of the market）：起源於語言文字的「失真」，人類同聚一處，有賴語言文字傳遞訊息及意見。文字語言的創造，貴在群眾對此文字語言之理解力的正確性，否則容易產生「以訛傳訛」的情形。

4.戲院的偶像（idols of the theater）：可謂學統之蔽。有些人可能緊抱著某些傳統的信條，而深信不疑。古今以來各種學派的哲理，往往像一齣一齣的戲劇，在舞臺上一幕一幕的呈現著，如果對某一劇深信不疑，作為一切思考的前提，則容易固執偏見，抹煞其他的思考性概念架構。

Unit **1-5**
獲得知識的來源

　　知識（knowledge）的來源從「未經證實的意見」（untested opinion）到「高度系統性的思考」（highly systematic styles of thinking）不等，利用科學的哲理可將知識的來源加以分類，以幫助研究者了解知識的來源。

一、獲得知識的六大來源

　　(一)未經證實的意見（untested opinion）：這是沒有任何實驗證據的個人看法。在國內許多企業舉辦的員工職前講習中，職訓人員常向新進員工說：「跟著做就對了！」像這樣的話顯然是未經證實的意見。為什麼「跟著做就對了？」有人研究過並做出結論：「新進員工只要因循舊習就會提高生產力？」未經證實的意見來自於迷思、迷信、過度自信（自傲）、預感、自衛或基於因循舊習的惰性。

　　(二)不言而喻的真理：或稱自我證實的真理（self-evident truth），也是獲得知識的來源之一。「人都會死」是不言而喻的真理，可從已知的自然法則演繹而來。但某些人看來是不言而喻的真理，在其他人眼中卻未必。例如：「每個人均應靠右駕駛」似是不言而喻的真理，但在許多國家（如大英國協、日本）卻是靠左駕駛。

　　(三)權威（authorities）：因為並不是所有的命題都是不言而喻的真理，所以我們會依賴權威人士來增加我們的知識（或者說增加我們的信心）。通常這些權威人士是因為他們擁有某種地位、職位（官大學問大）、資源或財富，而不是因為有某些技能、鞭辟入裡的見解或遠見。

　　(四)個案研究（case studies）：亦稱為思想的文學風格（literary style of thought），在企業研究中頗為常見，在如何獲得有關企業的知識上，扮演著相當關鍵性的角色。個案研究常受到的批評是不免有「以偏概全」之虞。

　　(五)科學方法（scientific methods）：科學方法具有以下六點特性，一是可對現象做直接的觀察；二是具有清晰界定的變數、方法及程序；三是對所做的假說進行實證研究；四是能夠棄卻（或不棄卻）所做的假說；五是利用統計方法（而不是文藻）來獲得結論；六是具有自我矯正的程序（self-correcting process）。

　　(六)數學模式（mathematical model）：以數學模式來獲得知識又稱為思考的公理風格（postulational style of thought），作業研究、管理科學、類比等都是利用數學模式來獲得知識。

二、獲得知識的方式影響到企業研究的方向

　　在企業研究上要用哪種方式來獲得知識是因研究典範（research paradigm）、研究者的價值觀、所涉及的反應誤差（reactivity error）等因素而定。不論如何，我們在選擇用什麼方法來獲得知識時，要注意它的適用性及限制。

獲得知識的來源

下圖是以邏輯的觀點，將若干個獲得知識的方式加以定位。橫軸的左邊代表高度理想性（idealistic）、解釋性（interpretational）的理想主義（idealism），右邊代表的是實證主義（empiricism，或稱經驗主義）。實證主義是「基於感官經驗及（或）歸納法來進行觀察、建立命題」。實證主義者（empiricists）會透過觀察來蒐集資訊，並企圖描述、解釋及預測現象。科學知識可由歸納法（inductive）來獲得，也可以由演繹法（deductive）來獲得。在下圖的縱軸上方代表理性主義（rationalism），理性主義者認為知識的來源是演繹。理性主義與實證主義的不同之處，在於理性主義者認為所有的知識皆可由已知的自然法則及基本真理加以演繹而來；他們認為正式的邏輯推理及數學才是了解、解決問題的最好方法。存在主義（existentialism）認為知識是靠非正式程序（informal process）而獲得的。

思考的類型及獲得知識的方法

例如：許多公司利用仿真來研究市場潛力、價格變化對利潤的影響等；利用數量模式來進行研究是採取演繹式的邏輯推論。

理性主義

數學模式

科學方法

不言而喻的真理

權威

理想主義　　　　　　　　　　　　　　　　　　實證主義

個案研究

未經證實的意見

個案研究常受到的批評是：研究對象是「個案」，研究者要以一個、若干個個案做一般化的推論或延伸，不免有「以偏概全」之虞。

存在主義

利用科學方法來獲得知識也可利用歸納的方式，也就是說，我們對於母體特性的了解是基於對樣本特性所做的歸納而得。

Unit **1-6**
推理──演繹與歸納

圖解研究方法

　　質性研究屬於歸納法，量化研究屬於演繹法。歸納法與演繹法的差別何在？前者是對事物、現象的特性加以觀察，進行詮釋，進而提出命題。後者是先從一般理論中推導出研究假說，然後再加以實證，對於假說的成立與否進行檢定。

一、演繹推理vs.歸納推理

　　為了更進一步了解演繹法與歸納法，我們舉個例子來說明推理的兩種類型：一是演繹推論（deductive reasoning）係基於一些通則（一般性結論）來獲得特定結論，例如：通則為所有公司都是員工導向；事實為大同是一個公司；結論為大同是員工導向。二是歸納推理（inductive reasoning）係以特定事實來獲得通則，例如：事實一，大同是員工導向；事實二，中同是員工導向；事實三，大同、中同都是公司；通則是一般而言，公司是員工導向的。在這兩個推理中，歸納推理是比較脆弱，禁不起挑戰。為什麼？當新的事實被發現時，一般性結論就站不住腳了。例如：你發現到一個新事實：「小同不是員工導向的」，經過「大同、中同、小同都是公司」這個事實認定之後，你能說「一般而言，公司是員工導向的」嗎？

二、演繹法vs.歸納法

　　(一)演繹法（deduction）：這是推理的一種形式，其目的在於獲得某種結論。結論必須經過前提（理由）而來；這些前提會「暗示」結論，其本身也是代表著某種證據。在演繹法中，前提與結論之間有較強的關係存在（所謂「較強」是相對於歸納法而言）。

　　演繹要能正確，必須要滿足真實及有效這兩個條件。換句話說，導致結論的前提不能脫離真實世界的現象（這就是「真實」的意思）。除此以外，前提必須能夠使得「結論因之而衍生」；換句話說，前提是結論的必要條件。如果前提為真，則結論就不會是偽（false），這就是「有效」的意思。邏輯學家曾經建立了若干個原則，讓我們判斷某個結論是否有效。如果論證形式（argument form）是無效的，或者一個（或以上）的前提為偽，則結論在邏輯上就無法成立。

　　我們來看看這個簡單的推論：前提一，所有正式職員都不會偷竊；前提二，彼得是正式職員；結論是彼得不會偷竊。這個結論要能成立，必須滿足兩個條件，即論證形式是有效的，以及前提是真的。我們從上述推論說明中，也能了解演繹法的結論事實上已「包含於」其前提之中。

　　(二)歸納法（induction）：又稱為實證性通則（empirical generalizations），表示將某種現象加以歸納所產生的結果。我們從一、二個事件中觀察到某種現象，再歸納出所有事件（或大多數的事件）都有這種現象，這種作法稱為歸納法。

反射式思考的雙重運動

在推理的過程中,歸納與演繹可以並用。杜威(John Dewey)將此過程稱為「反射式思考的雙重運動」(double movement of reflective thought)。歸納產生於當我們觀察到一件事實並問道:「為什麼會這樣?」在回答這個問題時,我們會做暫時性的解釋(也就是假說)。如果這個假說可以解釋此事件或情況(事實),則此假說是「似乎合理的」(plausible)。演繹就是我們測試此假說是否能解釋此事實的過程。

歸納與演繹之例

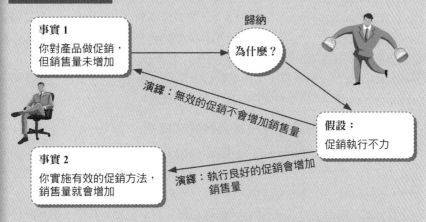

事實 1
你對產品做促銷,但銷售量未增加

歸納
為什麼?

演繹:無效的促銷不會增加銷售量

假設:
促銷執行不力

事實 2
你實施有效的促銷方法,銷售量就會增加

演繹:執行良好的促銷會增加銷售量

我們再以上述約翰銷售業績不佳的例子來解釋反射式思考的雙重運動,如下圖所示。

歸納與演繹之例(為什麼約翰業績不佳)

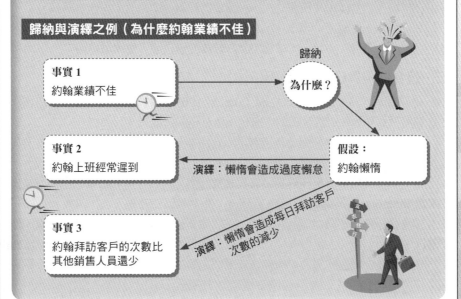

事實 1
約翰業績不佳

歸納
為什麼?

事實 2
約翰上班經常遲到

演繹:懶惰會造成過度懈怠

假設:
約翰懶惰

事實 3
約翰拜訪客戶的次數比其他銷售人員還少

演繹:懶惰會造成每日拜訪客戶次數的減少

Unit **1-7**
經典研究

了解組織組成要素之後，更能掌握組織化的基本考慮，然後進行有效管理。

一、閔茲柏格的五種組織設計

閔茲柏格（Henry Mintzberg, 1983） 曾以組織的五個組成要素來說明組織設計（organizational design）。每個組織都由以下五個基本的部分所組成，一是作業核心（the operation core），由負責生產最終產品的員工所組成。二是策略頂端（the strategic apex），由負責組織營運的高階管理者所組成。三是中間聯線（the middle line），由連結作業核心及策略頂端的管理者所組成。四是技術分子（the tech-nostructure），由負責產生標準規格或模式的分析師所組成。五是支援幕僚（the support staff），由提供間接支援的員工所組成。

二、組織化的基本考慮：有機式與機械式結構

伯恩斯與斯托克（Burns and Stalker, 1961）曾針對英格蘭與蘇格蘭的20家製造商進行研究，其目的在於發掘組織結構、管理實務與環境情況配合的情形。此研究分辨了「兩種截然不同的管理實務制度」，也就是說有機式的及機械式的。

在有機式（organic）的組織內，組織結構（即部門化的基礎、權責關係、直線及幕僚的關係）是有彈性的，任務指派也不是十分清楚，主管與部屬的溝通，大多是諮詢式的，而不是命令式的。相反的，在機械式（mechanic）的組織之下，組織的結構顯得相當僵化，任務的指派、責任的歸屬、命令的流程非常明確。

研究發現，在穩定的環境中，機械式的組織比較適合；在動態的環境中，有機式的組織比較適合。準此，何種管理實務較佳並無定論，應視環境而定。

三、整合與差異化的管理

勞倫斯及勞許（Lawrence and Lorsch, 1967）對於組織環境對有效組織設計的影響所做的探討，可說是比較系統化及數量化的研究。

勞倫斯及勞許研究的對象是塑膠業、食品業及容器業，並以市場、技術及科學（即研究發展）這三個層面來衡量這三個產業的不確定性程度（uncertainty）。大體而言，塑膠業的不確定性最高，其次為食品業，再其次為容器業。他們並以差異化（differentiation）及整合（integration）兩個構面為基礎來進行研究。

差異化指的是不同功能的經理間，在認知其情感導向有四個向度的差異，即目標導向、時間導向、人際導向，以及結構正式化等差異。整合指的是因應環境的需要，必須構成一致性的努力，而存在於部門之間的合作狀態。該研究的重要發現，在塑膠業內，整合、差異化程度高的廠商，其績效必高。

組織中5個組成部分

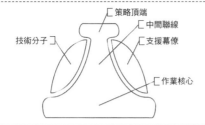

- 技術分子
- 策略頂端
- 中間聯線
- 支援幕僚
- 作業核心

主控權與組織設計類型

組織的主控權放在不同的部分,就會形成不同的組織結構,因此可產生五種不同的組織設計。

組織

主控權	組織設計類型
1.作業核心	專業官僚
2.策略頂端	簡單結構
3.中間聯線	事業單位結構
4.技術分子	機械官僚
5.支援幕僚	特別專案

在「技術影響組織設計」方面,伍華德的研究發現可歸納如下:
1.技術愈複雜(例如:從單位生產到程式生產),則管理者的人數愈多,管理層級數也愈多。
2.技術愈複雜,則行政人員及幕僚人員的人數愈多。
3.第一線管理者的管理幅度,隨著單位生產制度到大量生產制度而漸增,隨著大量生產制度到程式生產制度而漸減。

機械式與有機式的組織結構

機械式

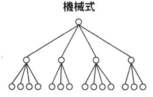

- 高度分工
- 僵固的部門化
- 清晰的指揮鏈
- 狹窄的控制幅度
- 集權化
- 高度正式化

有機式

- 跨功能團隊
- 跨階層團隊
- 資訊自由流通
- 寬廣的控制幅度
- 分權化
- 低度正式化

知識補充站

整合與差異化的研究發現

左文勞倫斯及勞許研究的對象是塑膠業、食品業及容器業。在這三個產業中,廠商的差異化程度,依序為塑膠業、食品業及容器業。而在任何一個行業,高績效廠商均比低績效廠商在差異化方面來得高(在容器業為相等)。因此,在愈不確定的環境中,高績效廠商的差異化程度愈高。在這三個產業之中,高績效廠商在整合程度方面並沒有什麼差別,但是整合的方式不同:在塑膠業高績效廠商是以「整合部門」(integrative department)來做;在食品業是由「個別整合者」(individual integrator)來做;在容器業為「直接的管理接觸」(direct management contact)。

Unit **1-8**
研究的道德議題

　　不論進行量化研究或質性研究，在企業研究道德方面，研究者應對社會大眾、受測對象、研究委託者（客戶）、研究助理人員等對象肩負道德責任。

一、對社會大眾的道德

　　社會大眾有被告知的權利，如果研究人員發現某些因素對人的健康、安全有害，則研究者應負起道德責任，揭露此項研究報告，不要因為害怕得罪某些廠商、影響自己的商業利益，而有所隱瞞。例如：某個汽車製造商的研究人員，發現了某型汽車在受到某種撞擊之後會發生爆炸，就應據實告知社會大眾這個危險。

二、對受測對象的道德

　　在研究設計的道德方面，首先我們要保護受測者。不論是以進行調查研究、實驗研究或觀察研究來蒐集資料，研究者都應保證受測者的權益不致受損。一般而言，在進行研究時，要確信受測者不會受到傷害、不會感到不安（焦慮）、痛苦、尷尬或隱私權被侵犯。

三、對研究委託者的道德

　　對研究委託者（或稱客戶）必須遵循道德的規範，不論所進行的是新產品、市場、人力資源、財務或其他研究，均應符合道德標準。

　　(一)高品質研究：在研究者與委託者之間的另外一個重要道德因素，就是客戶有權利要求研究者進行高品質研究（quality research）。從研究計畫書的提出，到正式的研究設計，研究者對於所涵蓋的研究步驟（資料的蒐集、分析、解釋、最終報告的提出），都要確信使用適當的技術及方法。有道德的研究者會竭盡所能，發揮其專業素養，戮力解決客戶所委託解決的問題。

　　(二)客戶的道德：在企業研究中，難免有些客戶會要求研究者提供被受訪者的名單、竄改資料、扭曲資料分析及解釋，做出對客戶有利的結論，這些都是客戶的不道德行為。客戶可能以不續約為要脅，或以金錢誘惑。如果研究者不秉持操守，就會「一失足成千古恨」，最後弄得聲名狼藉。如果客戶可以買通你，他會想任何出高價的人都可以買通你，他怎麼會相信你呢？有鑑於此，研究者應堅持道德操守，如果客戶對於你在道義上的勸告仍無動於衷的話，寧可放棄研究。

四、對研究助理人員的道德

　　對研究者而言，另外一個道德問題，就是其助理人員及本身的安全問題。研究者在做研究設計時，要考慮到助理人員的安全問題，否則可能要負法律責任。

企業研究應負道德責任4對象

1. 社會大眾

2. 受測對象

為了確保對受測者的傷害或不利影響減到最低，研究者必須遵循以下規定：

> ①在蒐集資料時，要明確的向受測者解釋這個研究的預期利益（成果），不要誇大其詞，也不要隱瞞研究成果，以致使得受測者有提供不實答案的傾向。
> ②要向受測者解釋他們的權益會受到適當的保護，以及如何保護他們的權益。例如：研究完成之後，會將他們的個人基本資料（如姓名、電話號碼、地址等）加以銷毀等。
> ③要確信得到受訪者的同意。受訪者同意接受訪談並不表示他（她）同意回答任何一個問題。訪談者應該先說明：「問題中有若干個敏感的問題，如果您覺得不妥，可以不必回答」。

3. 研究委託者（客戶）

4. 研究助理人員（訪談者、調查者、實驗者、觀察者）

如果訪談的地區是在鄉村偏遠、人煙稀少的地方，或者犯罪率高的城市，要讓研究助理人員結伴而行，不要為了省一點差旅費而忽略助理人員的安全。如果不能保護助理人員的安全，則研究負責人不僅要負道義上的責任，也很可能擔負法律上的責任。在沒有相當的安全保證之下，研究人員可能會「捨遠求近」（例如：不按照規定訪問偏遠的地方）或者乾脆自己填上不實的資料來交差。

 知識補充站

機密性

客戶所要求保護的機密性通常可分為兩種：

1. 不要揭露他們（即客戶）的名字：許多公司在進行新產品測試時，因不願見到公司的形象會影響到測試的結果，或者不願競爭者知道他們可能採取的行銷策略，因此不願揭露公司的名字。這也是為什麼公司會找外界的顧問公司（或行銷研究公司）幫他們做研究的原因。行銷研究公司必須在研究設計上、實際的研究行動上，確實做到研究的機密性。

2. 不要揭露研究的目的及細節：客戶可能正在測試一個新的（但是還未獲得專利權的）產品概念，因此絕不希望競爭者聽到風聲。或者客戶可能想要調查員工的宿怨，但又不想引起工會的注意。不論什麼原因，客戶有權利要求研究者嚴守機密。

第 **2** 章
研究程序

 章節體系架構 ▼

Unit **2-1**
高品質研究

圖解研究方法

一個高品質研究（quality research）會利用專業研究技術，產生可靠的數據（研究成果），在學術領域獲得獨到的見解。相形之下，低品質研究計畫粗糙，進行草率，在學術領域上只能說是「濫竽充數」。高品質的研究會依循研究程序，循序漸進、前後呼應、環環相扣。以下問題可幫助研究者做整體性思考。

一、什麼是高品質研究

如果能對以下八個問題做充分而合理的說明，才可稱為高品質研究，一是為何要研究這個主題？動機如何？目的如何（想要發現什麼、想要解決什麼問題）？研究範圍以及限制如何；二是這個主題所涉及的相關變數是什麼？這些變數之間的關係如何？有什麼理論背景支持或依據何種推理而形成；三是如何將這些變數的定義轉述成它們的操作性定義；四是要向哪些人進行研究？他們的特性如何？是否提出「樣本具有代表性」的證據？要向多少人進行調查？如何決定這樣的人數；五是用什麼研究方式來蒐集資料？如果是用次級資料，有無說明資料的來源？其可信度及代表性如何；六是如果用調查研究，問卷中各變數的信度、效度如何？如果用實驗研究，對於實驗變數有無做嚴密的控制？如果用觀察研究，是否有對研究者個人偏差所造成的影響減到最低？是否誠實說明研究設計的缺點，以及這些缺點對研究結果的影響如何；七是以何種統計分析技術來分析資料？限制如何？如何克服這些限制？誤差的機率及統計顯著性的標準如何；八是所獲得的研究結果是否基於資料分析的結果？所適用的條件及情形如何？研究的建議是否根據研究的結論？研究的建議是否與研究目的環環相扣。

二、企業研究的高品質為何

當學術研究者受企業委託進行研究時，或者企業界人士（如企業的行銷研究部門人員）進行研究時，上述條件當然也一樣適用，但要注意以下三種特定情形，一是許多研究屬於探索式的質性研究，因為研究主題不明，需要探索一番，以企圖發現一些創意；這類研究只要清楚說明研究問題的本質即可。二是許多研究常涉及到機密性，所以不會說明研究方法、程序及資料來源等；有時企業甚至不讓競爭對手知道它正在進行研究，例如：康柏電腦（Compaq）及IBM公司都不知道對方在推出低價位的桌上型電腦前，曾做過廣泛而深入的研究。三是研究者在開始進行研究前，可能已經知道委託者想要的答案，因此可能會投其所好；事實上，一個資深的研究人員要「動手腳」來改變其研究結論是輕而易舉的事，例如：在品牌偏好的測試中，先問的那個品牌通常會有較高的偏好比例，或者改變統計上的顯著水準（significance level）會使研究結論得到相反的結果。

什麼是高品質研究？

如果能對以下各問題做充分而合理的說明，才可稱為高品質研究。

1 **為何要研究這個主題？**

是從文獻探討中發現什麼可議之處？
或是什麼企業問題激發了你去探求的欲望？

2 **這個主題所涉及的相關變數是什麼？**

變數之間的關係形，成了研究的概念性架構（conceptual framework）

3 **如何將這些變數的定義，轉述成它們的操作性定義？**

4 **要向哪些人進行研究？**

5 **用什麼研究方式（調查研究、實驗研究、觀察研究）來蒐集資料？**

6 **如果用調查研究，問卷中各變數的信度（一致性）、效度（代表性）如何？如果用實驗研究，對於實驗變數有無做嚴密的控制？**

7 **以何種統計分析技術來分析資料？**

8 **所獲得的研究結果是否基於資料分析的結果？**

知識補充站

為何研究成果讓人「不敢恭維」？

在實際進行研究時，如何獲得高品質研究？我們發現，許多花了大量人力與財力進行的研究，其研究成果實在「不敢恭維」，因為：

1. 對於資料如何取得沒有交代，或交代不清，因此無法判斷樣本的代表性。
2. 對於樣本大小的決定，沒有統計理論基礎，或者沒有說明背後的假設。
3. 沒有說明資料的型態及所用的統計方法，以及這個統計方法的限制。
4. 所用的統計方法過於單純，並且很少提到統計結果在統計上的意涵。
5. 統計結果在企業問題上的涵義，說明得非常牽強。

Unit **2-2**
研究程序

　　專題研究具有清晰的步驟或過程，這個過程是環環相扣的。例如：研究動機強烈、目的清楚，有助於在進行文獻探討時，對於主題的掌握；對於研究目的能夠清楚的界定，必然有助於概念架構的建立；概念架構一經建立，研究假說的陳述必然相當清楚，事實上，研究假說是對於概念架構中各構念（變數）之間的關係、因果或者在某種（某些）條件下，這些構念（變數）之間的關係、因果的陳述。概念架構中各變數的資料類型，決定了用什麼統計分析方法最為適當。對於假說的驗證成立與否，就構成了研究結論，而研究建議也必須根據研究結果來提出。

一、量化與質性研究程序

　　不論進行質性研究或量化研究，均應遵循一定的程序。這些程序包括：1.研究問題的界定；2.研究背景、動機與目的；3.文獻探討；4.研究的概念性架構（對於質性研究而言，要建立與主題有關的初步理論）；5.研究設計；6.資料分析，以及7.研究結論與建議。

　　第1、2、3階段與質性研究及量化研究的程序相同。第4階段，質性研究是要對所要探討的問題，給予初步假設性解釋或建立初步理論。在第5階段研究設計中，質性研究的蒐集資料方法是以人員訪談、觀察法為主（當然也包括其他質性技術）。在第6階段資料分析中，質性研究是對開放式問題進行編碼及分析。

　　由於質性研究重視「主觀性」與「參與性」，偏重個案研究，因此容易產生以偏概全的現象，但是經由觀察及深入訪談，研究者可能會「挖掘」到由量化研究無法察覺或分析的現象，進而產生非常深入又有創意的研究價值。

二、循環性

　　研究者是從第一步驟開始其研究，在進行到「研究結論與建議」階段時，研究並未因此停止。如果研究結論不能完全回答研究問題，研究者要再重新界定問題、發展假說，重新做研究設計，如此整個研究就像一個循環接著一個循環。

三、重複性

　　如果研究的結論可以對所要驗證的假說提出結果（不論是棄卻或不棄卻假說），我們可說這個研究是成功的。但有時研究者可能會再度進行這項研究，以確信研究的結論並不是來自於意外或巧合。如果針對不同的樣本重複研究，其所獲得的研究結論與前次研究的相同（亦即對研究假說的棄卻或不棄卻的結論相同），那麼這個研究就得到了相當的證實。企業研究者應將他的研究，設計得可讓別人來重複他的研究。但實際上，很少研究者會真正地去重複別人的研究。

研究程序

研究程序（research process）及目前碩博士論文的章節安排，如下表所示。

步驟	碩博士論文章節
1. 研究問題的界定	
2. 研究背景、動機與目的	①
3. 文獻探討	②
4. 概念架構及研究假說	③
5. 研究設計	
6. 資料分析	④
7. 研究結論與建議	⑤

量化研究與質性研究在研究程序上的差別

質性研究是對於現象做主觀詮釋，而量化研究是對於現象做客觀解釋。在研究程序的內容上，量化研究與質性研究的差別，如下表所示。

	量化研究	質性研究
1. 研究的概念性架構	建立概念架構	建立與主題有關的初步理論
2. 蒐集初級資料的方法	郵寄問卷調查、網路調查、實驗法	人員訪談（深度訪談、焦點團體）、觀察法、線上技術等
3. 資料分析	統計分析（利用統計套裝軟體，如SPSS Basic、SPSS Amos）	內容分析（利用質性資料分析軟體，如NVivo、ATLAS.ti、QDA Miner）
4. 研究結論	驗證假說	提出命題、建立理論

研究程序的迴圈

我們可將研究程序視為一個迴圈。

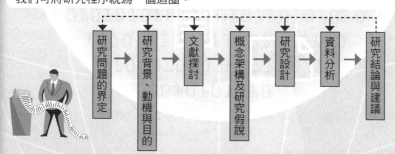

研究者很少做重複研究的原因

雖然重複的研究是相當重要的事，但在實際上，很少研究者會真正地去重複別人的研究。不願意重複別人研究的原因，還包括了研究經費的問題，以及怕別人譏笑為「炒冷飯」、「了無新意」等。

Unit 2-3
研究問題的界定

「問題」是實際現象與預期現象之間有偏差的情形。明確的形成一個研究問題並不容易，但是非常重要。研究者雖然由於智力、時間、推理能力、資訊的獲得及解釋等方面有所限制，因此在定義研究問題、設定研究目標時，並不一定能做得盡善盡美，但是如不將問題界定清楚，則以後各階段的努力均屬枉然。

研究問題的形成比問題的解決更為重要，因為要解決問題只要靠數學及實驗技術就可以了，但是要提出問題、提出新的可能性、從新的角度來看舊的問題，就需要創意及想像。美國行銷協會（American Marketing Association, AMA, 1985）曾提到：「如果要在研究專案的各個階段中挑選一個最重要的階段，這個階段就是問題的形成」。在研究程序中，問題的界定非常重要，因為它指引了以後各階段的方向及研究範圍。

當一些不尋常的事情發生時，或者當實際的結果偏離於預設的目標時，便可能產生了「問題」（problem）。

一、症狀與問題的確認

問題的確認涉及到對於現象的了解。有些企業問題的症狀很容易確認，例如：高的人員離職率、遊客人數在迅速成長一段時間後有愈來愈少的情形、員工的罷工、產品線的利潤下降等。這些情形並不是一個問題，而是一種症狀（symptom）。症狀是顯露於外的現象（explicit phenomena），也就是管理當局所關心的東西，而問題才是造成這些症狀的真正原因。

二、研究問題的形成

在對企業問題加以確認之後，就要將這些問題轉換成可以加以探索的研究問題（research questions）。在定義問題的最後一個階段，就是要實際選擇要研究的問題。在企業中，管理者所認為的優先次序，以及他們的認知價值決定了要進行哪一個研究。有關問題的形成應考慮事項有：1.對問題的陳述是否掌握了管理當局所關心的事情；2.是否正確的說明問題所在（這真是一個問題嗎？）；3.問題的範圍是否清晰界定，以及變數之間的關係是否清楚；4.管理當局所關心的事情是否可藉著研究問題的解決而得到答案；5.對問題的陳述是否有個人偏見。

在對企業研究問題的選擇上，所應注意的事項如下：1.所選擇的研究問題與管理當局所關心的事情是否有關聯性；2.是否能蒐集到資料以解決研究問題；3.其他的研究問題是否對於解決企業問題有更高的價值；4.研究者是否有能力來進行這個研究問題；5.是否能在預算及時間之內完成所選擇的研究問題；6.選擇這個研究問題的真正原因何在。

研究問題的界定

以下所提出的各項，有助於企業確認問題的所在。

1 公司目前的狀況如何？有沒有需要特別關注的不良現象存在？

2 目前的做事方式有沒有可以改進的地方？

3 在可預見的未來，對公司營運有不良影響的因素是什麼？

4 有沒有公司可以掌握的機會？

5 所確認的問題真的是一個問題嗎？還是另外一個問題的徵候？

6 對問題的確認是否有足夠的證據？

7 是否有必要進行研究來確認問題的存在？

症狀與問題的確認、研究問題的形成釋例

1. 症狀的確認：

大海公司的程式設計員其流動率愈來愈高，常聽到他們對於薪資結構的不滿。

2. 問題的確認：

①檢視企業內部及外部資料（了解他們不滿及離職率的情況；了解過去有無不滿的情形；其他公司是否有類似的情形）。

②挑明此問題領域（各部門的薪資制度並不一致；離職面談顯示他們對於薪資結構的不滿；公平會最近警告本公司，有關薪資歧視的問題）。

3. 管理問題的陳述：

目前的薪資結構公平嗎？

4. 研究問題的陳述：

大海公司影響程式設計員薪資高低的主要因素為何？

學術研究問題的選擇上應注意事項

1. 所選擇的研究問題是否具有深度及創意？
2. 是否可蒐集到資料以解決研究問題？
> 例如：針對醫院進行研究，是否有能力或「關係」蒐集到資料？

3. 研究者是否有能力來進行這個研究問題？
4. 是否能在所要求的時間之內，完成所選擇的研究問題？
5. 選擇這個研究問題的真正原因是什麼？

Unit 2-4
研究背景、動機與目的，以及文獻探討

　　研究背景是扼要說明與本研究有關的一些重要課題，例如：研究此題目的重要性（可分別說明為什麼所要進行研究的變數具有關聯性，包括因果關係、為什麼研究這些變數的關係是重要的），同時如果研究的標的物是某產業的某產品，研究者要解釋為什麼以此產業、產品（甚至使用此產品的某些受測對象）為實證研究對象是重要的。

一、研究動機與目的

　　「研究動機與目的」是研究程序中相當關鍵的階段，因為動機及目的如果不明確或無意義，那麼以後的各階段必然雜亂無章。所以我們可以了解，研究動機及目的就像指南針一樣，指引了以後各階段的方向及研究範圍。

　　研究動機是說明什麼因素促使研究者進行這項研究，因此研究動機會與「好奇」或「懷疑」有關。不論是基於對某現象的好奇或懷疑，研究者的心中通常會這樣想：什麼因素和結果（例如：員工士氣不振、資金周轉不靈、網路行銷業績下滑、降價策略未能奏效等）有關？什麼因素造成了這個結果？

　　在「什麼因素和結果有關」這部分，研究者應如此思考：哪些因素與這個結果有關？為什麼是這些因素？有沒有其他因素？此外，研究者也會懷疑，如果是這些因素與這個結果有關，那麼各因素與結果相關的程度如何？為什麼某個因素的相關性特別大？

　　在「什麼因素造成了這個結果」這部分，研究者應思考哪些因素會造成這個結果？為什麼是這些因素？有沒有其他因素？此外，研究者也會懷疑，如果是這些因素造成這個結果，那麼各因素影響程度如何？為什麼某個因素影響特別大？

　　研究目的就是研究者想要澄清的研究問題，在陳述上，通常是以變數表示。

二、文獻探討

　　文獻探討又稱為探索（exploration），就是對已出版的相關書籍、期刊中的相關文章或前人做過的相關研究加以了解。除此之外，研究者還必須向專精於該研究主題的人士（尤其是持反面觀點的人士）請教，俾能擴展研究視野。

　　由於網際網路科技的普及與發展，研究者在做文獻探討時，可以透過網際網路（Internet）去檢索有關的研究論文。例如：進入「全國博碩士論文資訊網」（http://datas.ncl.edu.tw/theabs/1/）。

　　文獻探討的結果可以使得研究者修正他的研究問題，更確定變數之間的關係，以幫助他建立研究的概念架構。在撰寫專題學術論文方面，文獻探討依照「深度」分為右圖三層次。

研究動機與目的／文獻探討

研究動機與目的

這是研究程序中相當關鍵的階段

研究動機 是說明什麼因素促使研究者進行這項研究,因此研究動機會與「好奇」或「懷疑」有關。

研究者應思考2部分

什麼因素和結果有關	什麼因素造成了這個結果
1.哪些因素與這個結果有關?	1.哪些因素會造成這個結果?
2.為什麼是這些因素?	2.為什麼是這些因素?
3.有沒有其他因素?	3.有沒有其他因素?

研究目的

例如:「本研究旨在探討甲變數是否與乙變數具有正面關係」、「本研究旨在探討甲變數是否是造成乙變數的主要原因」等。

文獻探討「深度」3層次

第1層次 將與研究論文有關的文獻加以分類臚列。

第2層次 將有關的論文加以整合並比較。

第3層次 將有關的論文加以整合,並根據推理評論。

顯然,第二層次比第一層次所費的工夫更多,第三層次比前兩個層次所費的思維更多。

在臺灣的碩士論文中,能做到第二層次的比較多;在美國的學術論文中,如 MIS Quarterly、Journal of Marketing,所要求的是第三層次。

Unit **2-5**
概念架構及研究假說

在對於有關文獻做一番探討或做過簡單的探索式研究之後，研究者可以對於原先的問題加以微調或略微修改，此時對於研究問題的界定應十分清楚。

一、概念架構

研究者必須建立概念架構，概念架構描述了研究變數之間的關係，是整個研究的建構基礎（building blocks）。研究目的與概念架構是相互呼應的。

「假說」（hypothesis）是對於研究變數所做的猜測或假定，假說是根據概念架構中各變數的關係加以發展而得，假說的棄卻或不棄卻便形成了研究結論。假說的陳述應以統計檢定的對立假說來描述。

「假說」是以可測試的形式來加以描述，並可以預測二個（或以上）變數之間的關係。也就是如果我們認為變數之間有關聯性存在，必須先將它們陳述成為「假說」，然後再以實證方式來測試這個假說。「假說」的定義為暫時性的臆測，目的在於測試其邏輯性及實證性的結果。「假說」代表著目前可獲得的證據不足，因此它只能提出暫時性的解釋。本書認為，「假說」是對現象的暫時性解釋，而測試此假說的證據至少是潛在可獲得的。一個陳述要如何才能稱得上是一個「假說」？首先，它必須是對「一個可以實證研究的事實」的陳述，也就是我們能透過調查（及其他研究方法）來證明其為真或偽的陳述。「假說」應排除價值判斷或規範性的陳述。

「假說」顯然不是期盼的事情或有關於價值的事（雖然研究者的價值觀會影響他如何選擇「假說」），「假說」是事實的一個暫時性的、未經證實的陳述而已。這個陳述如要得到實證，必須經過測試；要經過測試，此陳述要盡可能的精確。例如：我們認為智慧和快樂可能有關，我們可以詢問的最簡單的問題是：「智慧和快樂有關嗎？」如果我們假設在這二個變數之間的確存在著某種關係，我們就可以推測它們的關係。這個推理性的陳述（通常僅是預感或猜測）就是我們的「假說」，例如：我們聽說有許多天才都是鬱鬱寡歡的，我們就可以推測「人愈有智慧愈不快樂」。如果智慧及快樂可以被適當的測量，則這是一個適當的「假說」。

二、如何建立可測試的假說

「『假說』必須要能被測試」，這句話需要澄清一下。我們以上述「天才都是鬱鬱寡歡的」這個陳述來說明，我們可說這個陳述是命題（命題就是對變數之間的關係加以陳述的最原始形式）。除非我們可以對智慧及快樂這二個概念加以測量，並給予操作性定義，否則不能稱為可測試的假說。「可測試」是指可以用資料分析來棄卻（或不棄卻）此假說。

概念架構及研究假說

概念架構的表示法

概念架構（conceptual framework）可用圖形表示，如此便會一目了然，圖形中的單箭頭表示「會影響」，雙箭頭表示「有關係」。

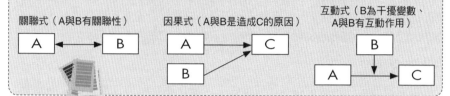

關聯式（A與B有關聯性）　　因果式（A與B是造成C的原因）　　互動式（B為干擾變數、A與B有互動作用）

「假說」應排除價值判斷或規範性的陳述

例如：「每個人每週至少應上量販店一次」這個陳述是規範性的，因為它說明人應該怎樣，而不是一件可驗證其為真或偽的事實陳述。「50% 的臺北市民每週至少上量販店一次」是對一件事實的陳述，因此可被測試。

發展假說之例

位於波士頓的新英格蘭水族館，發現遊客人數在迅速成長一段時間後，便會愈來愈少。這個情況並不是一個問題，而是一種症狀（symptom）。症狀是顯露於外的現象（explicit phenomena），而問題是造成此種現象的真正原因。管理當局認為，真正的問題可能在於水族館無法吸引週末的遊客。同時，管理當局希望了解平常與週末遊客的不同之處，因為這些資訊可以幫助他們安排一般節目及特別節目。如果該館的目的在於吸引更多的週末遊客，那麼廣告的訴求重點，必須針對週末遊客共有的特性。因此，研究的結果有助於產品及促銷策略。準此，**研究者可設定如下目標：1.**了解週末與平常遊客有何不同；**2.**了解週末遊客來參觀的動機及滿意度，及其共有的特性（人口統計變數）。**研究者可建立假說如下：**

H_{1-1}：遊客別（週末遊客與平時遊客）與**教育程度別**具有顯著關聯。
H_{1-2}：遊客別（週末遊客與平時遊客）與**年齡別**具有顯著關聯。
H_{1-3}：遊客別（週末遊客與平時遊客）與**性別**具有顯著關聯。
H_{1-4}：遊客別（週末遊客與平時遊客）與**職業別**具有顯著關聯。
H_{2-1}：不同**教育程度別**的週末遊客，其滿意度因動機不同而有顯著性差異。
H_{2-2}：不同**年齡別**的週末遊客，其滿意度因動機不同而有顯著性差異。
H_{2-3}：不同**性別**的週末遊客，其滿意度因動機不同而有顯著性差異。
H_{2-4}：不同**職業別**的週末遊客，其滿意度因動機不同而有顯著性差異。

在研究中，建立假說有三個優點：**1.**它可使研究者專注於所要探討的變數關係；**2.**它可使研究者思考研究發現的涵義；**3.**它可使研究者進行統計上的測試。

Unit **2-6**
研究設計

　　研究設計（research design）可以被視為是研究者所設計的進程計畫，在正式進行研究時，研究者只要「按圖索驥」即可。研究設計是實現研究目的、回答研究問題的藍本，我們所做的研究設計會因為下列這些因素的不同而異。

一、研究類型

　　研究類型可分為量化研究、質性研究。量化研究所涉及的是研究的廣度，而不是深度。這類研究試圖從樣本特性來推論母體特性，並用數量方法來測試研究假說。質性研究則專注於幾個事件、情境，並對其間關係做深入探討，因此它所涉及的是研究的深度，而不是廣度。質性研究常用的個案研究法，強調的是對問題的解決、評估及策略的擬定提供有價值的觀點。

二、研究的結構化

　　研究的結構化係指研究過程是否嚴謹、精確、定型，我們可依研究的結構化程度來分辨探索式研究及正式研究。前者結構比較鬆散，後者結構比較嚴謹。

三、研究方式

　　如果研究者企圖替未來的研究鋪路，也就是他想要替未來的研究建立研究假說，則此研究屬於探索式研究。如果研究的企圖在於測試研究假說，並替研究問題提出答案，則此研究屬於正式研究。正式研究包括描述式研究、因果式研究。

四、研究環境的真實性

　　依研究環境的真實性，我們可以分辨現場研究及實驗室研究。模擬就是對系統或過程加以複製。愈來愈多的企業研究會用到模擬法，尤其是作業研究。

五、研究者對變數的控制

　　依研究者對變數控制能力的不同，我們可以分辨實驗（experiment）及事後回溯設計（ex post facto design）。在實驗研究中，研究者可以操弄自變數，並探究自變數對於依變數的影響（所以實驗研究適於因果式的研究）。

六、受測者知覺（反應誤差）

　　任何所選擇的研究主題都會用到某種研究方法（例如，調查研究、實驗研究、觀察研究），而利用各種研究方法蒐集資料時，會遇到不同的反應問題。所謂「反應問題」就是反應誤差（reactivity error）的意思。

研究設計6考慮因素

1. 研究類型

①量化研究，又稱為統計研究（statistical study）。
②質性研究以分析個案為主，又稱為個案研究（case study）。

2. 研究的結構化

3. 研究方式

①探索式研究（exploratory study）。
②正式研究（formal study）。

❶描述式研究（descriptive study）
如果研究者企圖發掘誰、什麼、何處、何時、多少，那麼這個研究就是描述式研究。

❷因果式研究（causal study）
如果研究者企圖了解「為什麼」（例如為什麼甲的改變會造成乙的改變），則這個研究就是因果式研究。

4. 研究環境的真實性

愈來愈多的企業研究會用到模擬法，尤其是作業研究。在真實情況下的各種變數及其間的關係可以用數學模式（mathematical model）來表示。角色扮演及其他行為活動也是模擬。

5. 研究者對變數的控制

6. 受測者知覺（反應誤差）

即被研究者在研究者面前所表現的不自然、做作等，因而影響資料之正確性的問題。

 知識補充站

考慮使用調查研究之後，所要考慮問題

我們可能是用調查、實驗或觀察來蒐集初級資料。如果我們選擇的是調查研究，是要用郵寄問卷、電腦訪談、電話訪談還是人員訪談？我們要一次蒐集所有的資料，還是分不同的時間來蒐集（用縱斷面研究，還是橫斷面研究）？問卷的種類如何（是否要用隱藏式的或直接的，還是用結構式的或非結構式的）？問題的用字如何？問題的次序如何？問題是開放式的，還是封閉式的？怎麼測量問卷的信度及效度？會造成反應誤差嗎？如何避免？要對資料蒐集人員做怎樣的訓練？要用抽樣還是普查的方式？要用怎樣的抽樣方式（機率或非機率抽樣，如果採取其中一種方式，要用哪一種抽樣方法）？以上各種問題只不過是在考慮使用調查研究之後所要考慮的部分問題。

Unit 2-7
研究設計的6W之一

我們可以用6W來說明研究設計，6W是指What、Who、How、When、How many、Where。由於內容豐富，特分兩單元介紹。

一、What

(一)操作性定義：研究者也必須對研究變數的操作性定義加以說明。操作性定義（operational definition），顧名思義是對於變數的操作性加以說明，也就是此研究變數在此研究中是如何測量的。操作性定義的做成當然必須根據文獻探討而來，而所要做「操作性定義」的變數，就是概念性架構中所呈現的變數。換言之，研究者必須依據文獻探討中的發現，對概念性架構中的每個變數下定義。

(二)問卷設計：設計問卷是一種藝術，需要許多創意。幸運的是，在設計成功的問卷時，有許多原則可資運用。首先，問卷的內容必須與研究的概念性架構相互呼應，且問卷中的問題必須儘量使填答者容易回答。譬如說，打「✔」的題目會比開放式的問題容易回答。除非有必要，否則不要去問個人的隱私（例如：所得收入、年齡等），如果有必要，也必須讓填答者勾出代表某項範圍的那一格，而不是直接填答實際的數據。用字必須言簡意賅，對於易生混淆的文字也應界定清楚（例如：何謂「好」的社會福利政策？）。

二、Who——分析單位

每項研究的分析單位（unit of analysis）也不盡相同，分析單位可以是企業個體、非營利組織及個人等。

大規模的研究稱為總體研究（macro research）。任何涉及到廣大地理區域，或對廣大人口集合（如洲、國家、州、省、縣）進行普查（census），都屬於總體研究。分析單位是個人的研究，稱為個體研究（micro research）。

三、How

(一)資料蒐集方法：研究者必須詳細說明資料蒐集的方式（如以網頁問卷方式來蒐集）。資料的蒐集可以簡單到定點的觀察，也可以複雜到進行跨國性的龐大調查。我們所選擇的研究方式，大大的影響到我們蒐集資料的方式。

(二)資料分析：研究者必須說明利用什麼統計技術來分析概念架構中的各變數，並且要說明利用什麼版本的軟體中的什麼技術處理哪些變數。

研究人員必須決定及說明要用什麼抽樣方法、樣本要有什麼特性（即抽樣對象），以及要對多少人（即樣本大小）進行研究。

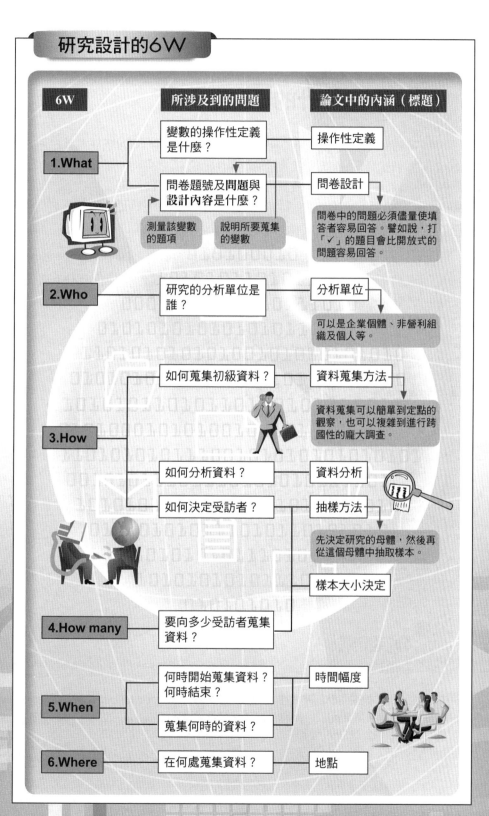

研究設計的6W

6W	所涉及到的問題	論文中的內涵（標題）
1.What	變數的操作性定義是什麼？	操作性定義
	問卷題號及問題與設計內容是什麼？	問卷設計

測量該變數的題項　　　說明所要蒐集的變數

問卷中的問題必須儘量使填答者容易回答。譬如說，打「✓」的題目會比開放式的問題容易回答。

| 2.Who | 研究的分析單位是誰？ | 分析單位 |

可以是企業個體、非營利組織及個人等。

| 3.How | 如何蒐集初級資料？ | 資料蒐集方法 |

資料蒐集可以簡單到定點的觀察，也可以複雜到進行跨國性的龐大調查。

| | 如何分析資料？ | 資料分析 |
| | 如何決定受訪者？ | 抽樣方法 |

先決定研究的母體，然後再從這個母體中抽取樣本。

| | | 樣本大小決定 |
| 4.How many | 要向多少受訪者蒐集資料？ | |

5.When	何時開始蒐集資料？何時結束？	時間幅度
	蒐集何時的資料？	
6.Where	在何處蒐集資料？	地點

Unit **2-8**
研究設計的6W之二

圖解研究方法

　　用6W來說明研究設計，不僅能讓人一目了然，更能清晰說明研究者的研究設計。前文我們提到必須先對研究變數的操作性定義加以說明後，然後才開始進行一連串的問卷設計與分析單位的考量，以及資料的蒐集與分析。除此之外，研究者有個前提須注意，就是必須先進行預試。預試能幫助研究設計得更為準確。

三、How（續）

　　(三)抽樣方法：幾乎所有的調查均需依賴抽樣。現代的抽樣技術是基於現代統計學技術及機率理論發展出來的，因此抽樣的正確度相當高，再說，即使有誤差存在，誤差的範圍也很容易的測知。

　　抽樣的邏輯是相對單純的。我們首先決定研究的母體（population），例如：全國已登記的選民，然後再從這個母體中抽取樣本。樣本要能正確的代表母體。抽樣的結果是否正確與樣本大小（sample size）息息相關。

四、How many──樣本大小的決定

　　研究者必須說明樣本大小是如何決定的，而樣本大小決定的方式有很多。

五、When──時間幅度

　　時間幅度是指研究涉及到某一時間的橫斷面研究（cross-sectional study），還是涉及到長時間（不同時點）的縱斷面研究（longitudinal study）。

036

六、Where──地點

　　研究者必須說明在何處蒐集資料。如以網路問卷進行調查，則無地點的問題。如以一般問卷調查、人員訪談的方式蒐集資料，則應說明地點，如榮老師教室、○○百貨公司門口等。

小博士解說
預試

　　在正式的、大規模的蒐集資料之前，我們必須先進行預試（pilot testing）。預試的目的在於早期發現研究設計及測量工具的缺點並做修正，以免在大規模、正式的調查進行後，枉費許多時間與費用。而研究者必須說明預試的期間與進行方式。

蒐集初級資料3種方法

研究者必須設計如何來蒐集資料。我們有必要了解三種蒐集初級資料的方法:

1. 調查研究(survey research)

這是在蒐集初級資料方面相當普遍的方法。

調查研究是有系統地蒐集受測者的資料,以了解及(或)預測有關群體的某些行為。
這些資訊是以某種形式的問卷來蒐集的。

2. 實驗研究(experiment research)

這是由實驗者操弄一個(或以上)的變數,以便測量一個(或以上)的結果。

被操弄的變數稱為 自變數(independent variable) 或預測變數(predictive variable)。

可以反映出自變數結果(效應)的稱為
依變數(dependent variable)或準則變數(criterion variable)。

依變數的高低,至少有一部分是受到自變數的高低、強弱所影響。

3. 觀察研究(observation research)

這是了解非語言行為(nonverbal behavior)的基本技術。

雖然觀察研究涉及到視覺化的資料蒐集(用看的),但是研究者也可以用其他的方法(用聽的、用摸的、用嗅的)來蒐集資料。

使用觀察研究,並不表示就不能用其他的研究方法(調查研究、實驗研究)。

Unit **2-9**
資料分析、研究結論與建議之一

統計分析依分析的複雜度及解決問題的層次，可分為單變量分析（univariate analysis）、雙變量分析（bivariate analysis）與多變量分析（multivariate analysis）。

一般而言，單變量分析包括出現的頻率（frequencies）、平均數、變異數、偏態、峰度等。雙變量分析包括相關係數分析、交叉分析等。多變量分析包括因素分析、迴歸分析、區別分析、變異數分析等。

一、資料分析

在資料分析這個階段，研究者應呈現資料分析的結果，呈現的方式可用SPSS的輸出或自製表格，當然以SPSS的輸出來呈現較具有說服力，但有時輸出報表過多（尤其是針對不同變數用同一方法時），研究者可以自行編製彙總表。

SPSS的統計分析（Analysis）是它的重頭戲。在右圖中，我們可以看到分析的各種技術。這些技術有些是單變量分析，如敘述統計（Descriptives）；有些功能是雙變量分析，如無母數檢定的卡方分配（Chi-Square）；有些是多變量分析，如區別分析（Discriminant）。在學術研究的統計分析部分，不見得必須利用到所有的分析技術，最重要的考慮因素是資料的類型（測量）是否適合某個（某些）統計分析技術。茲將進行企業研究常用的統計分析技術整理如右表所示。

(一)認識IBM SPSS Statistics：SPSS原為Statistical Packages for the Social Sciences（社會科學統計套裝軟體）的起頭字，近年來或由於其功能加強，或由於產品的重新定位，全文已經改成Statistical Products and Services Solution（統計產品及服務之解決方案），但起頭字仍維持是SPSS。SPSS 18.0稱為PASW（Predictive Analysis Software）Statistics 18。2010年10月，IBM收購SPSS之後發布IBM SPSS Statistics 19。2011年8月，IBM推出SPSS Statistics 20，2021年5月推出最新版本SPSS Statistics 28。隨著版本的增加，SPSS功能愈來愈強，包括直效行銷、神經網路、資料採礦等。

(二)SPSS 模組：IBM SPSS軟體產品分為IBM SPSS Collaboration and Deployment Services、IBM SPSS Data Collection、IBM SPSS Decision Management、IBM SPSS Modeler（Modeling）、IBM SPSS Statistics。而IBM SPSS Statistics又可分為Standard、Professional、Premium、for Educators這些版本。

IBM也將SPSS用「模組」來劃分，模組可分為Advanced Statistics、Base、Categories、Complex Samples、Conjoint、Custom Tables、Data Preparation、Decision Trees、Exact Tests、Forecasting、Missing Values、Programmability Extension、Regression、Visualization Designer等。

SPSS的分析技術

IBM SPSS Statistics Data Editor
) 轉換(T) 分析(A) 直效行銷(M) 統計圖(G) 公用程式(U) 視窗(W) 說明(H)

- 報表(P)
- 敘述統計(E)
- 表格(B)
- 比較平均數法(M)
- 一般線性模式(G)
- 概化線性模式(Z)
- 混合模式(X)
- 相關(C)
- 迴歸(R)
- 對數線性(O)
- 神經網路(W)
- 分類(Y)
- 維度縮減(D)
- 尺度(A)
- 無母數檢定(N)
- 預測(T)
- 存活分析(S)
- 複選題(U)
- 遺漏值分析(V)...
- 多個插補(T)
- 複合樣本(L)
- 品質控制(Q)
- ROC 曲線(V)...
- Amos 19...

企業研究常用的統計分析技術

統計分析技術	中文名稱	英文名稱
1.描述性統計（Descriptive Statistics）	次數分配表	Frequencies
	描述性統計量	Descriptives
	交叉表	Crosstabs
2.比較平均數法（Compare Means）	平均數	Means
	單一樣本 t 檢定	One-Sample t Test
	獨立樣本 t 檢定	Independent-Sample t Test
	成對樣本 t 檢定	Pair-Sample t Test
	單因子變異數分析	One-Way ANOVA
3.一般線性模式（General Linear Model）	單變量	Univariate
	多變量	Multivariagte
	重複量數	Repeated Measure
4.相關（Correlate）	雙變數	Bivariate
5.迴歸（Regression）	線性	Linear
	曲線估計	Curve Estimation
	二元Logistic	Binary Logistic
	多項性Logistic	Multinominal Logistics
	次序的	Ordinal
	Probit分析	Probit
	非線性	Nonlinear
	最適尺度	Optimal Scaling
6.對數線性（Log Linear）	一般化	General
	Logit分析	Logit
	模式選擇	Model Selection

統計分析技術	中文名稱	英文名稱
7.分類（Classify）	TwoStep集群分析	TwoStep Cluster
	K平均數集群	K-Means Cluster
	階層集群分析法	Hierarchical Cluster
	判別	Discriminant
8.維度縮減（Data Reduction）	因子	Factor
	對應分析	Correspondence Analysis
	最適尺度	Optimal Scaling
9.尺度（Scale）	信度分析	Reliability Analysis
	多元尺度方法（PROXCAL）	Multidimensional Scaling（PROXCAL）
	多元尺度方法（ALSCAL）	Multidimensional Scaling（ALSCAL）
10.無母數檢定（Nonparametric Tests）	卡方分配	Chi-Square
	二項式	Binomial
	連檢定	Runs
	單一樣本K-S檢定	1-Sample K-S
	二個獨立樣本	2 Independent Samples
	K個獨立樣本	K Independent Samples
	二個相關樣本	2-Related Samples
	K個相關樣本	K-Related Samples
11.複選題分析（Multiple Response）	定義變數集	Define Sets

Unit **2-10**
資料分析、研究結論與建議之二

　　SPSS系統具有包括快速的、精準的、客製化的、節省記憶體等特性，可以幫助研究者進行更高深的分析。

一、資料分析（續）

　　(二)SPSS 模組（續）：由於SPSS的功能超強，我們不可能一一盡舉，因此，我們所介紹的都是要進行一個學術研究分析所需要的技巧及統計技術。易言之，本書所說明的是「Base」這部分。對於一個撰寫專題研究報告、碩博士論文的研究者而言，「Base」所提供的功能已經足夠。研究者可依照需要，再進行其他更高深的分析。

　　SPSS Statistics Base的特性包括輕鬆便捷的資料建檔、資料匯入與資料檢索；周全而細緻的統計分析程序、圖表展示與報表呈現；利用表格、立體圖形與樞紐技術，對資料做深入的剖析；快速的建立對話方塊，並讓資深使用者建立客製化的對話方塊。此外，還包括自動化的線性模式（automatic linear models）建立、提供語法編輯器（syntax editor）、提供預設的測量、輸出報表不僅快速（速度約為以前的5倍）且節省記憶體。詳細的說明，可參考：http://www.spss.com/software/statistics/statistics-base/。

　　(三)SPSS系統需求：使用SPSS 20的系統需求，如右表所示。

　　(四)SPSS工具：我們可以上SPSS網站（http://www.spss.com/statistics/），在加入會員之後，就可以下載IBM SPSS Statistics 28（以下稱SPSS）試用版，試用期限為30天。在此期間內，你可以付費訂閱、永久授權或期限授權，成為正式版的使用者。我們也可在該網頁中獲得許多有用的資訊（如產品、支援、訓練與認證、成功故事、事件等）。

二、研究結論

　　經過分析的資料，將可使研究者研判對於研究假說是否應棄卻。假說的棄卻或不棄卻，或者假說的成立與否，在研究上都有價值。

三、研究建議

　　研究者應解釋研究在企業問題上的涵義。研究建議應具體，使企業有明確的方向可循、有明確的行動方案可用，切忌曲高和寡、流於空洞、華而不實。例如：「企業唯有群策群力、精益求精、設計有效的組織結構、落實企業策略」這種說法就流於空洞，因為缺少了「如何」的描述。

SPSS 模組與系統需求

SPSS模組特性

1. 輕鬆便捷的資料建檔、資料匯入與資料檢索。

2. 周全而細緻的統計分析程序、圖表展示與報表呈現。

3. 利用表格、立體圖形與樞紐技術，對資料做深入的剖析。

4. 快速的建立對話方塊，並讓資深使用者建立客製化的對話方塊。

5. 自動化的線性模式（automatic linear models）建立。

6. 提供語法編輯器（syntax editor）。

7. 提供預設的測量。

8. 輸出報表不僅快速（速度約為以前的5倍）且節省記憶體。

使用SPSS 20的系統需求

作業系統	平臺		硬體
Windows	Microsoft® Windows XP（Professional, 32-bit）or Vista（Home, Business, 32- or 64-bit）, Windows 7（32- or 64-bit）* *Windows 2000 is not a supported platform.*		• Intel® or AMD x86 processor running at 1GHz or higher • Memory: 1GB RAM or more recommended • Minimum free drive space: 800MB • DVD drive • XGA（1024x768）or higher-resolution monitor • For connecting with IBM SPSS Statistics Server, a network adapter running the TCP/IP network protocol

第 3 章
研究計畫書

● 章節體系架構 ▼

Unit 3-1
意義與目的

研究計畫書（research proposal）又稱為工作計畫（work plan）、大綱、研究企圖的說明或草案。它說明了研究計畫書的意義與目的。

一、為什麼要提出研究計畫書？

有些學生及初做研究的人認為計畫書是多此一舉，事實上，這些人才是特別需要提出研究計畫書的。因為計畫書就像地圖，在以後正式進行研究時，研究者可以按圖索驥，不致於迷失研究方向。研究計畫書甚至包括了在某個方法行不通時，要怎麼處理的說明，就好像地圖中說明，如果道路阻塞時，可以走哪些岔路一樣。

因此，在進行正式研究之前，研究者通常要寫研究計畫書。計畫書被有關當局或贊助單位（如基金會、國科會、企業主管或論文審查委員會）通過之後，才按照計畫書的內容進行正式研究。因此，計畫書的重點在於使得有關當局明瞭研究的目的及所提議的研究方法。當然，研究進行的時間、所需要的費用也要說明清楚。至於是否要說明背景資料及研究技術（例如：資料分析的細節），則要看有關當局的規定而定。而研究計畫書在頁數及複雜程度上的規定方面，也有很大差異。

二、提出研究計畫書對管理者的好處

每個計畫書不論其頁數多寡，均應包括最基本的二部分，一是對研究問題、目的及假設的說明。二是對研究要如何進行的說明。以管理者（或贊助單位）的觀點而言，要研究者提出研究計畫書有以下好處：

(一)可確信研究者了解管理問題：計畫書必須清楚說明所要解決的問題，以及所期待的結果。如果研究者走錯了研究方向、誤會了研究主題，或者所提議的研究不能提供管理者所需的資訊，則在投入大量的資源（時間、物力、財力）之前，可以對研究問題加以修正或停止研究。

(二)可扮演控制的角色：當研究計畫書被批准之後，它就變成了研究者必須要履行的「約定」。如果這個研究是受外部組織委託以訂約式來進行，則計畫書就變成了「契約上的義務」。因此，管理當局可將計畫書作為一個控制的工具，以確信真正的研究會按照計畫書的內容去做。

(三)可使管理者評估所提議的研究方法：對研究方法先做評估，可以確信研究的結果會提供管理者所需要的資訊。同樣的，如果研究方法及研究技術不是很恰當的話，可在投入大量資源之前加以修正。

(四)可幫助管理者判斷研究的相對價值及品質：在有限研究經費下，計畫書的提出會迫使管理者思考該研究是否必須優先進行。如果計畫書是外包（委託企業外面的研究人員去做），計畫書是評估各被委託單位的相對價值及品質標準。

研究計畫書的意義與目的

1. 要做什麼事？
2. 為什麼要這樣做？
3. 如何做？
4. 在什麼地方做？
5. 向誰做？
6. 做這些事有什麼好處？

研究計畫書的意義與目的

研究計畫書在頁數及複雜程度上的差異

1 博士論文的研究計畫書：通常會超過50頁

2 向基金會或政府有關當局所提的研究計畫書：不過幾頁而已，而且也有固定的格式可資依循

3 企業研究的計畫書：大約1～10頁左右

提出研究計畫書對管理者的好處

1 可確信研究者了解管理問題

2 可扮演控制的角色

3 可使管理者評估所提議的研究方法

4 可幫助管理者判斷研究的相對價值及品質

知識補充站

研究計畫書對研究者的好處

對研究者而言，研究計畫書有以下四個優點，一是可使研究者確信所擬研究的問題是管理當局所需要了解的問題。二是在正式進行研究之前，迫使研究者思考如何進行研究。三是可使研究者擬定行動計畫（action plan），也就是要考慮及說明如何將研究計畫加以落實。四是在研究者與管理者之間達成共識，使得雙方都有保障。

Unit **3-2**
研究計畫的贊助者、發展步驟與類型

　　研究計畫的贊助者或主辦單位（sponsor）是贊成及支持研究（財務上或精神上的支持、研究內容上的指導）、驗收研究成果的個人、委員會。

一、不同形式的贊助者

　　所有研究都有不同形式的「贊助者」。學生在課堂上被規定要繳交的學期報告、碩博士研究生要撰寫的論文，其「贊助者」就是任課教授、指導教授或者論文審查委員會。

　　不論是替企業內部本身而做（解決企業內部的問題），或者受委託（企業內部的研究人員受外部企業委託，來解決他們的管理問題）的研究，研究的主辦單位就是企業的管理當局。

　　研究計畫書就是讓委託的單位了解研究的誠意、評估研究人員對於研究問題是否清楚、研究的內容及範圍是否恰當、研究人員是否具有研究技術。研究計畫書揭露了研究者的學術訓練、組織能力及邏輯能力。在規劃上潦潦草草的、在文字使用上彆彆扭扭的、在組織、結構上零零散散的研究計畫書，會大大的影響到研究者的聲譽。依筆者的觀點，這種研究計畫書不如不提。

二、發展步驟

　　針對企業內部所做研究計畫書，其發展步驟是從「管理者描述問題，並陳述管理問題」開始，到最後被批准，開始進行研究時為止。

　　如果是向企業外部承接的研究專案，企業通常會收到「計畫書申請表」（request for proposal, RFP），此時研究單位人員僅需按照固定的格式提供內容即可。值得注意的是，委託單位對於計畫書中所呈現的專業性、組織力、邏輯能力的要求仍然是一樣嚴格的。

三、類型

　　隨著研究專案的類型、主辦單位（研究的贊助者）是個人還是組織，以及研究專案成本的不同，研究計畫書的複雜度（degree of complexity）也不盡相同。

　　如右下圖所示，向政府機構提出的研究計畫書最為複雜，究其原因可能是因為政府機構的研究專案所提供的研究經費相當龐大，所需的研究時間也比較長的緣故。另外一方面，企業內部的研究單位為了企業本身所進行的探索式研究（exploratory study），或是學生的研究報告，對於研究目的、研究方法、所需時間等只要提出1～3頁的說明即可，因此相對比較簡單。

研究計畫的發展步驟與類型

計畫書發展步驟

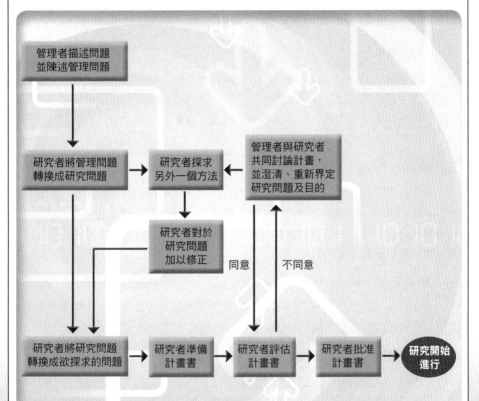

資料來源：Donald R. Cooper and Pamela S. Schindler, *Business Research Methods*（NY, NY: McGraw-Hill Companies, Inc., 2003）, p.97.

研究計畫書的複雜程度

類型＼複雜程度	最低		最高	
企業內部研究	探索式研究	小規模研究	大規模研究	
企業外部研究	探索式訂約研究	小規模訂約研究	大規模訂約研究	政府研究
學生的報告	期末報告	碩士論文	博士論文	

說明：企業內部、外部研究是指委託研究的單位而言；如果委託的單位是別的公司或組織機構（如大學、政府機構），則稱為企業外部研究。

Unit 3-3
結構內容之一

研究計畫書中各模組（module）計有十五個階段，特分三單元說明。

圖解研究方法

一、彙總報告

彙總報告（executive summary）可使日理萬機的管理者或研究贊助者很快的了解研究計畫書的要旨。彙總報告的目的在於獲得高級主管的正面評價，然後他們會交給其幕僚人員做全面性的詳細評估。因此，彙總報告應對於研究問題、研究目的、研究方法做簡要的敘述。

二、問題的陳述

研究計畫書在「問題的陳述」這方面要說明研究問題、問題的背景（或研究動機）、預期結果、問題涵蓋的範圍（研究範圍）。在看完「問題的陳述」之後，研究贊助者應能充分了解研究的重點、研究的重要性，以及為什麼要進行這個研究，才能夠了解必須改變現狀的理由。

三、研究目的

如果是探索式的研究，則研究的目的就是說明要探索什麼東西；如果是因果式研究，則可以陳述研究假說的方式來說明研究目的。

四、文獻探討

文獻探討（literature review）就是對過去的、現代的有關研究、公司的或產業的資料做一番檢視。研究者必須以整體性的觀點，先對於有關的文獻、相關的次級資料加以探討，然後再探討與研究主題息息相關的特定研究。

五、研究的重要性及益處

在研究計畫書撰寫「研究的重要性及益處」這部分內容時，要說明做這個研究的好處，並且要特別說明「現在馬上要做這個研究」的重要性。通常「研究的重要性」這一節只要幾段文字就可以說明清楚，如果你發現自己寫不出研究的重要性，就表示你還沒徹底了解研究問題。

六、研究設計

研究設計就是說明在技術上如何去做，才能夠實現研究目的。研究設計的項目包括抽樣方法及樣本大小、資料蒐集方法、測量工具、測量程序等說明，如果在這些項目中，有幾種方式可供選擇，要說明為什麼要用所選擇的那種方法。

企業內部研究的研究計畫書模組

模組	探索式研究	小規模研究	大規模研究
1.彙總報告		✓	✓
2.問題的陳述	✓	✓	✓
3.研究目的	✓		✓
4.文獻探討			✓
5.研究的重要性及益處			✓
6.研究設計	✓	✓	✓
7.資料分析			
8.資料分析的預期結果		✓	✓
9.研究者的資歷			
10.研究預算		✓	✓
11.研究排程	✓	✓	
12.設備及特殊資源			✓
13.專案管理			
14.參考文獻			✓
15.附錄			✓

企業外部研究的研究計畫書模組

模組	探索式研究	小規模研究	大規模研究	政府補助
1.彙總報告	✓	✓	✓	✓
2.問題的陳述	✓	✓	✓	✓
3.研究目的	✓	✓	✓	✓
4.文獻探討			✓	✓
5.研究的重要性及益處	✓	✓	✓	✓
6.研究設計	✓	✓	✓	✓
7.資料分析			✓	✓
8.資料分析的預期結果			✓	✓
9.研究者的資歷	✓	✓	✓	✓
10研究預算	✓	✓	✓	✓
11.研究排程	✓	✓	✓	✓
12.設備及特殊資源	✓	✓	✓	✓
13.專案管理			✓	✓
14.參考文獻			✓	✓
15.附錄			✓	✓

Unit 3-4
結構內容之二

根據研究計畫書類型的不同，其所應包括的模組（階段）也不盡相同。當然，我們在實際做研究計畫書時，會隨著有關當局的規定而加以增減，故前文及本文右圖所顯示的只是一個「一般原則」。

七、資料分析

對大型的訂約式研究或者是博士論文，要另闢「資料分析」這一節來說明資料分析所用的統計技術。如果是小規模的研究，資料分析包含在「研究設計」那一節就可以了。在研究計畫書中，「資料分析」這一節要說明資料類型、如何處理資料，以及所選用的統計技術的適用條件。

八、資料分析的預期結果

對資料分析的預期結果的說明，可以使贊助單位了解資料分析的結果是否與研究目的環環相扣；換句話說，是否能夠替研究問題提出答案。同時也要說明透過這些統計分析所獲得的預期結果，在所欲探討的企業管理問題上、策略規劃上、行動方案上有何重要的涵義。

九、研究者的資歷

在「研究者的資歷」這一節中，要說明研究主持人的資格。如果參與研究的人員不只一人，在實務上通常會以研究人員的學歷為次序來呈現。在研究者的資歷中，要說明研究經驗、實務經驗、所加入的專業協會（如專業經理人協會、管科會、美國行銷協會）等。也許研究者在校（或在其他的職訓班）所修習過的有關課程，可以放在附錄中加以說明。

十、預算的編列

預算（budget）是以貨幣（金錢）來表示行動方案（dollar representation of an action plan），也就是說，欲執行研究活動所需要的經費就是預算。

十一、研究排程

排程應包括研究專案各主要階段、其時間表及完成該階段的里程碑。例如：研究主要階段包括探索式訪談、最後研究計畫書提出、問卷修正、現場訪談、資料編輯及編碼、資料分析、提出研究結論。甘特圖的最大限制在於無法顯示各個活動之間的關係，譬如一個活動延誤了，到底哪些活動會受影響及影響多大，我們無法從甘特圖中看出。如果是大型的、複雜的研究，我們還要以要徑法來表示。

學生的學期報告及論文的研究計畫書模組

模組	學期報告	碩士論文	博士論文
1. 彙總報告			
2. 問題的陳述	✓	✓	✓
3. 研究目的	✓	✓	✓
4. 文獻探討		✓	✓
5. 研究的重要性及益處			✓
6. 研究設計		✓	✓
7. 資料分析		✓	✓
8. 資料分析的預期結果		✓	✓
9. 研究者的資歷			
10. 研究預算			
11. 研究排程		✓	✓
12. 設備及特殊資源		✓	✓
13. 專案管理			
14. 參考文獻	✓	✓	✓
15. 附錄		✓	✓

商業研究的預算編列之例

電視廣告效果調查企劃案成本預估		
1. 調查企劃		$ 1,500
2. 問卷設計		$ 1,500
3. 訪員費	100 x @240	$ 24,000
4. 督導費	3 x @800	$ 2,400
5. 問卷印刷		$ 500
6. 複查費	50 x @5	$ 250
7. 資料編碼及輸入		$ 2,000
8. 電腦分析		$ 3,000
9. 報告撰寫		$ 3,000
10. 報告打字		$ 1,500
11. 雜費（差旅、聯絡）		$ 8,000
總額		$ 47,650

051

Unit **3-5**

結構內容之三

企業研究中在擬定研究計畫書的各階段所應掌握的關鍵性因素，就是研究計畫書的評估項目。

十一、研究排程（續）

如果要表示出活動間的關係，我們就要用要徑法或網路圖。在要徑法（critical path method）中，會明顯地表示出何種活動必須在何種活動之前完成，我們也可以找出要徑（critical path），也就是一群活動的組合，而這些活動的延誤會造成整個專案的延誤。對於簡單的活動而言，用手工繪出要徑圖或網路圖即可，然而對於複雜的專案而言，我們必須借助電腦及適當的軟體。

十二、設備及特殊資源

研究計畫書也應說明研究所需的設備及特殊資源。例如：電腦輔助訪談所需要的設備及特殊資源，包括個人電腦、數據機、通訊網路及有關軟體等。除此之外，資料分析所需要的電腦硬體（處理速度及磁碟容量等）及軟體（如SPSS、SAS、BMDP或Minitab）也應加以說明。

十三、專案管理

在研究計畫書中列出專案管理這一節的目的，在於使得贊助單位了解研究專案組織的研究效能及效率。在大型的、複雜的研究專案中，除了要提供「流程」的說明外，其主要計畫（master plan）應包括：1.研究小組的組織（如組織結構、有關人員的職權、直線幕僚的關係等）；2.對於實現研究計畫中各階段的管理及控制（例如：在資料處理這一階段，對於資料正確性的管理及費用的控制等）；3.付款的時間及金額，以及4.法律責任（如智慧財產權的歸屬及讓渡等）。

十四、參考文獻

需要做文獻探討的研究專案，必須列出所參考的文獻。研究者要遵循研究贊助單位所規定的格式。如果沒有特殊規定，可以參考管科會的格式（網址：http://www.management.org.tw/）。

十五、附 錄

在附錄部分可包括索引、測量工具（如問卷）、研究者的詳細個人資料、預算的詳細數據，以及有關設備及特殊資源的細節。

研究排程的甘特圖

排程（schedule）如能以甘特圖（Gantt chart）來顯示，不僅清晰易懂，而且也可節省冗長的文字敘述。下圖就是利用Microsoft Project所做出的甘特圖之例。

行政院國家科學委員會對研究計畫的評估標準

審查重點		最高分數		評定分數	評述
		甲種	乙種		
代表著作	方法運用（推理與方法是否嚴謹）	20	20		
	資料處理與詮釋（資料處理與引用是否得當）	10	15		
	組織結構（均衡而有系統的程度）	10	15		
	文字技巧（通順、準確、扼要的程度）	5	10		
	成果與貢獻（理論或實用價值）	25	20		
五年內著作	著作品質	20	15		
	著作數量	10	5		

 知 識 補 充 站

評估

企業研究中在擬定研究計畫書的各階段所應掌握的關鍵性因素，就是研究計畫書的評估項目。在研究計畫書的評估方面，有的是以非常結構化的、數量化的方式來進行；他們會以所建立的評估標準，並對每一個標準從「極差」到「極佳」分別給予不同的分數，有的甚至給予每個評估標準設定其相對重要性（權數）。

第二篇

研究設計

第 **4** 章

測 量

●●●●●●●●●●●●●●●●●●●●●●●●●● 章節體系架構 ▼

Unit **4-1**
基本概念

　　在專題研究中，測量（measurement）是相當重要的一個程序。測量是將數字指派到一個概念（或變數）上，各個「概念」在測量的簡易度上是截然不同的。

一、量化與質性

　　測量是決定某一個特定分析單位的值或水平的過程，這個值或水平可能是質性的（qualitative），也可能是量化的（quantitative）。質性屬性具有標記（label）或名字，而不是數字。當我們以數字來測量某種屬性時，這個屬性稱為量化屬性（quantitative attribute）。 例如：我們的膚色是質性的，而不是量化的。其他還有許多質性變數（qualitative variable），例如：政黨（國民黨、民進黨、新黨等）、宗教（基督教、天主教、佛教等）。在觀察研究中，質性變數用得相當廣泛。

　　質性變數的類別可用標記來表示，也可以用數字來表示。值得注意的是，即使用數字表示，這些數字也不具有數學系統中的屬性（例如：加減乘除四則運算）。例如：「第一類組」、「第二類組」不能用來相加或相乘。質性變數唯一可以做的數字運算就是計算每一類別的頻率及百分比，例如：計算金髮少女的人數比例。

二、構念與概念

　　(一)構念：這是指心智影像，也就是浮在腦海中的影像或構想。研究者常為了某些特定的研究或是要發展理論來「發明」一些構念。構念是由若干個較為簡單的概念所組成的。構念與概念常易混淆。我們現在舉一個例子來說明它們的差別所在。「組織規模」是一個構念，它包括了員工人數、資本額、營業額、部門數目、產品線總數等概念，這些概念是相當具體的、容易測量的。

　　(二)概念：如果我們要傳遞某個物件或事件的訊息，必須有一個共同的基礎（否則我說的是桃子，你想的是李子），這個共同的基礎就是「概念」。「概念」就是伴隨著某個特定物件、事件、條件或情境的一系列意義或特性。

　　「概念」產生的過程和我們如何獲得知覺是一樣的。知覺是我們將所看到、聽到、嚐到、聞到、摸到的刺激（這些都稱為是「資訊輸入」）加以選擇、組織、解釋以產生某種意義（或賦予某一個標籤）的過程。換句話說，所謂知覺是指個人如何選擇、組織及解釋其感官印象，並對於刺激到感官印象的環境事件賦予某種意義（或標籤）的過程。例如：我們看到一個人有規則的在慢慢跑步，我們就會對這個動作賦予一個叫做「慢跑」的標記，這個標記表示了「慢跑」這個概念。

　　有些「概念」也許不可能直接地被觀察，例如：正義、友情等。有些「概念」有明顯的、可以觀察的某種指示物，例如：電腦、學校等。有些「概念」是二分的（只有二個可能的值），例如：性別（男性、女性）。

構念與概念

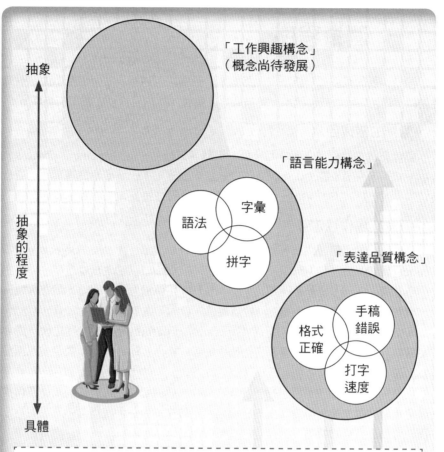

抽象

抽象的程度

具體

「工作興趣構念」
（概念尚待發展）

「語言能力構念」

字彙

語法

拼字

「表達品質構念」

手稿錯誤

格式正確

打字速度

上圖中的另一個層次是由字彙、語法及拼字這三個概念所構成的「語言能力」構念。「語言能力」這個構念的抽象程度比「表達品質」還高，因為字彙及語法較難觀察，而且測量起來也更為複雜。一位產品手冊的技術撰寫員的工作規格（job specifications）包括了三個要素：表達品質、語言能力及工作興趣，上圖顯示了這些構念中所包括的概念。

至於「工作興趣」這個構念，我們還找不到有關的概念。因為它最難觀察，也最難測量。它也許包括了許多相當抽象的概念。研究者常稱這種抽象構念為「假設式構念」（hypothetical construct），因為相關的概念或數據還沒有找到。它只是被假設存在，尚待更多的驗證。如果有一天，研究者發現了相關的概念，而且支持其間的關聯性（概念與構念間的關聯性）的命題也成立，則研究者就可以建立一個支持這個構念的概念架構（conceptual scheme）。

在上圖下方所呈現的概念（格式正確、手稿錯誤、打字速度）是相當具體的、容易測量的。例如：我們可以觀察打字速度，即使用最粗糙的方式，我們也可以很容易的分辨打字速度的快慢。打字速度就是「表達品質」這個構念的一個概念。「表達品質」是一個不存在的實體（nonexistent entity），它是一個標籤，用來傳遞這三個概念所共同組成的意義。

Unit **4-2**
測量程序

　　測量涉及的是依據一組法則，將數字（或標記）指派給某個實證事件。實證事件是指某物件、個體或群體中，可被觀察的屬性（如主管性別、員工工作滿足）。

一、測量的組成因素

　　雖然測量工具有很多類型和種類，但其測量程序（measurement process）總是離不開以下三個步驟（也可稱為測量的組成因素），一是觀察實證事件；二是利用數字（或標記）來表示這些事件（即決定測量的方式）；三是用一組映成法則。

二、概念與操作性定義

　　通常研究的主體（或稱實證事件），在概念層次上包含對象（objects）及概念（concepts）兩個內容（例如：「中產階級的社會疏離感」就是實證事件，其對象為中產階級，其概念為社會疏離感）。「性別」這個概念並不複雜，但在專題研究上，有許多複雜的概念，例如：社會疏離感、信念、認知偏差、種族偏見等皆是。

　　研究者將概念經過操作性定義（operational definition）的處理之後，將更為方便觀察到（或調查到）代表著這個概念的各次概念，研究者再以數字（或標記）指派到每一個次概念上（也就是決定測量的方式），以便進行統計上的分析。

　　同樣一個概念中，可能包括了許多次概念，研究者在依據經驗判斷、邏輯推理或參考相關文獻之後，可發展出一些操作性定義來涵蓋這個次概念，希望對於原來的概念可做更完整的探討。

　　一般而言，由操作性定義發展到測量工具是沒有什麼問題的。在研究設計上，最難克服的問題在於將概念這個概念層次的東西，轉換成操作性定義這個實證層次的東西，而不失其正確性。右圖表示此兩者之間的關係，由圖中可知研究者所需了解的是測量和真實（原來的概念）之間的「同構」（isomorphic）的程度。換句話說，研究者希望藉由測量來探知真實的構形（configuration），以期對真實現象有更深（更正確）的了解。同構程度愈高，即表示測量的效度愈高。

　　這些操作性定義可能對，也可能對了一部分，甚至有可能是錯，如右下圖所示。圖中操作性定義甲只觸及概念邊緣，定義乙則正確掌握原概念的部分內涵，而定義丙則為錯誤的操作性定義（它可能是探討其他不同概念）。如果某公司在考績／工作績效評等（這是一個概念）上，列有學歷、完工件數及忠貞愛國等評分欄；就學歷而言，高學歷並不表示高工作績效（這種情形類似定義甲）；完工件數則實際與工作績效有密切關係（類似定義乙）；而員工是否忠黨愛國，則與工作績效無關（類似定義丙；可能測試的是其他概念）。若要對真實概念有正確了解，則需要更多正確操作性定義來共同描繪出真實概念，以達到同構要求（或理想）。

測量程序（測量的組成因素）之例 —— 主管的性別

實證事件 （empirical event）	映成法則 （mapping rules）	數字（或標記）
主管的性別	如果是男性，則指派1 如果是女性，則指派0	1或0

舉例

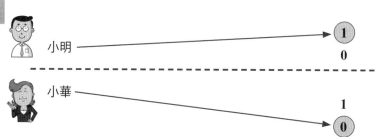

小明 ——————————→ **1**

　　　　　　　　　　　　　　0

- - - - - - - - - - - - - - - - - - - -

小華 ——————————→ 1

　　　　　　　　　　　　　　0

061

概念與測量的關係

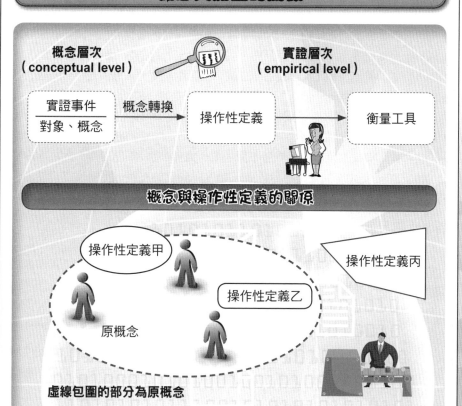

概念層次
（conceptual level）　　　　　　　**實證層次**
（empirical level）

| 實證事件
對象、概念 | 概念轉換 → | 操作性定義 | → | 衡量工具 |

概念與操作性定義的關係

操作性定義甲

操作性定義乙

操作性定義丙

原概念

虛線包圍的部分為原概念

Unit **4-3**
測量尺度

測量尺度（measurement scale）共有下列四種類別，依序有「疊床架屋」的情況（也就是後面那個測量尺度具有前面那個的特性），再加上一些額外特性。

一、名義尺度

名義尺度是區分物件或事件的數字或標記。最普遍的例子就是我們將性別變數中的男性指定為1，將女性指定為0。當然也可將男性指定為0，將女性指定為1；利用符號將男性指定為M，將女性指定為F；或逕自以男性、女性來區分。

二、次序尺度

次序尺度很像名義尺度，因為它是互斥的、列舉的。除此之外，次序尺度的類別並不具有同樣層級。

三、等距尺度

以年齡為例，如果以名義尺度來處理，就是分成不同年齡層；如果以次序尺度來處理，就是將個人依年齡高低加以排序；如果我們以個體活在世間年數來看，就是以等距尺度來處理。利用等距尺度，我們能看出個體在某一屬性（如年齡）上的差距，例如：最年長者比次年長者多三歲。在等距尺度上，每個差距是一樣的，例如80歲和79歲所相差的一歲，與15歲和14歲所相差的一歲是一樣的。

在等距尺度中，零點位置並非固定的，而且測量單位也是任意的。等距尺度中最普遍的例子就是攝氏（C）及華氏溫度（F）。同樣的自然現象——水的沸點——在攝氏、華氏溫度計上代表著不同的值（攝氏0度、華氏32度）。在水銀刻度上，攝氏20度及30度的差距，等於攝氏40度與50度的差距。不同尺度的溫度可以用 F=32+（9/5）C 這個公式加以轉換。

四、比率尺度

如果代表某個體屬性的值是等距尺度，我們就可將這些值做加減運算；如果代表某個體屬性的值是比率尺度，我們就可將這些值做乘除運算。因此，比率尺度具有絕對的、固定的、非任意的零點。我們曾以年齡來說明等距尺度，事實上，年齡超過了等距尺度的規定，因為它有絕對的零點（零點是「非任意的」，而且也沒有負值）。是否具有「非任意的零點」是比率尺度與等距尺度唯一的差別所在。「體重」具有非任意的零點，而且沒有負值，所以是比率尺度。如果某個體的屬性以非任意的零點為參考點，而且測量單位是固定的，我們就可對這個屬性的值做乘除的運算。例如：20歲是10歲的「二倍老」，15歲是30歲的「一半年輕」。

測量尺度4類型

我的球衣號碼是1號、我考試得了第1名、我以前居住的波士頓冬天時的溫度是攝氏1度、我在留學的時候1天的飯錢只花1美元。以上的「1」雖然都是阿拉伯數字的「1」，但是它們的尺度或類型不同。

尺度類型	尺度的特性	基本的實證操作
1. 名義尺度 （nominal scale）	沒有次序、距離或原點	平等性的決定
2. 次序尺度 （ordinal scale）	有次序，但沒有距離或獨特的原點	大於或小於的決定
3. 等距尺度 （interval scale， 或稱區間尺度）	有次序、距離，但沒有獨特的原點	等距或差異的平等性的決定
4. 比率尺度 （ratio scale）	有次序、距離及獨特的原點	比率的平等性的決定

例如：冠軍、亞軍就不具有同樣層級。

比率尺度與等距尺度唯一的差別所在
比率尺度具有非任意的零點，而等距尺度不具有非任意的零點（也就是零點的位置並非固定的）。

資料來源：Donald R. Cooper and C. Pamela Schindler, *Business Research Method*（New York, NY: McGraw-Hill Companies, Inc., 2003），p.223.

 知 識 補 充 站

離散或連續

離散（又稱間斷）的測量尺度（discrete measurement）並沒有小數，而連續的測量尺度（continuous measurement）則有。

例如：家庭人口數是離散的，而年齡是連續的（如48.5歲）。要分辨一個變數是離散的還是連續的，最簡單的方法就是看它是用「算有幾個的」，還是用測量的。

換句話說，離散變數具有某一特定的值，而連續變數具有無限的值。一般而言，離散變數的值是一個整數接著一個整數，而連續變數的值與值之間則會有很多潛在的值。

從觀察研究中所蒐集到的資料，大多數是名義的或質性的、離散的。量化資料可以是離散的，也可以是連續的。次序尺度通常是離散的，雖然它常被視為在測量某個連續帶上的東西。等距及比率尺度可以是離散的（例如：家庭人口數），也可以是連續的（例如：年齡、身高）。

Unit **4-4**
良好測量工具的特性

信度（reliability）、效度（validity）及實用性（practicality）是任何測量工具所不可或缺的條件。企業對應徵人員的口試是否能有效判定應徵者的工作潛力，是一個相當具有爭辯性的議題。此問題的癥結並不在於口試的存廢，而在於測量工具（口試）本身的有效性。

一、信度及效度的意義

信度指的是測量結果的一致性（consistency）或穩定性（stability），也就是研究者對於相同或相似的現象（或群體）進行不同測量（不同形式或不同時間），其所得結果一致的程度。任何測量的觀測值包括實際值與誤差值兩部分，而信度愈高表示其誤差值愈低，如此則所得的觀測值就不會因形式或時間的改變而變動，故有相當的穩定性。

所謂效度包含兩個條件，一是該測量工具確實是在測量其所要探討的概念，而非其他概念（例如：測量「智慧」的工具，就是測量「智慧」，而不是測量像忠誠、信念等其他概念）；二是能正確測量出該概念（例如：智商是100的人，透過測量工具所測得的智商就是100）。第一個條件是獲得效度的必要條件，但非充分條件。顯然獲得第一個條件比獲得第二個條件來得重要。例如：我們要測量小華的智慧（intelligence），因此我們就用智商測驗這個測量工具來測驗小華，得到智商分數是90分，但實際上小華的智商是100。這個測量工具雖然不正確（不準），但至少它所測的概念（亦即智慧）是正確的。如果我們能改善這個智商測驗，那麼它就會變得更為有效。但是如果我們用其他測量工具來測小華智商，而得到的分數是100，我們就不能說這個測量工具有效，因為這個測量工具根本不是在測量智慧（也許是在測量其他概念，或者根本沒有測量任何概念）。

效度是測量的首要條件，信度是效度不可或缺的輔助品。換句話說，信度是效度的必要條件，而非充分條件。一個測驗如無信度，則無效度；但有信度，未必有效度。實用性是指測量工具的經濟性、方便性及可解釋性。

二、信度及效度的圖解說明

如前所述，效度所涉及的是正確性的問題，信度所涉及的是「與現象或個體的改變（或不變）保持一致」的問題。我們現在用右頁圖解來說明信度與效度。

在乙的情況中，彈痕很集中，但是遠離紅心。用測量工具的術語來說，它很有信度，但是沒有效度。換句話說，這個測量工具在一致的測量別的東西，而不是我們想要測量的概念。這個現象告訴我們：測量工具若有信度，但不見得有效度。丙的情況就是兼具信度及效度的情形。

良好測量工具的特性

1. 信度（reliability）

指的是測量結果的一致性或穩定性。

2. 效度（validity）

①該測量工具確實是在測量其所要探討的概念，而非其他概念。
②能正確測量出該概念。

3. 實用性（practicality）

指測量工具的經濟性、方便性及可解釋性（interpretability）。

信度及效度的圖例

假設我用來福槍來練靶。在甲的情況中，我們看到所有的彈痕散布在靶上的各處，幾乎沒有一致性。在測量工具的術語中，我們會認為這個測量工具不可靠。既然這個測量工具不值得信賴，那還有什麼正確性（效度）可言？所以除非測量工具有信度，否則不可能有效度。

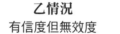
甲情況
無信度及效度

乙情況
有信度但無效度

丙情況
兼具信度及效度

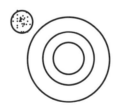

知識補充站

1. 內部一致性信度（internal consistency reliability）
2. 複本信度（alternate-form reliability）
3. 再測信度（test-retest reliability）
4. 複本再測信度（alternate-form retest reliability）

Unit **4-5**
信度測量

　　信度是一致性的問題。如果我們用某個測量工具來測量某個概念，而個體在這個概念（屬性）上的值一直不變，所測量出的值一直保持不變，則我們可說這個測量工具具有信度。如果這個概念的值改變了，測量工具如能正確顯示這種改變，則此測量工具也是具有信度的。我們可用測量工具與測量時點的相同或不同，將測量工具分成內部一致性信度、複本信度、再測信度、複本再測信度四種。

一、內部一致性信度

　　研究者常以折半法（split-half method）來考驗測量工具的內部一致性信度。研究者在建立測量工具時，將原有的題目數擴充為二倍，其中有一半是另一半的重複，研究者以前一半與後一半的得分來看此測量工具的信度。

　　榮老師的數學考題從最簡單到最難的共有五題。但他現在從最簡單到最難的題目，依每個不同的困難度各出二題，共十題，如右表所示。榮老師現在拿給小傑做測驗，如果小傑在第1、3、5、7、9題的得分與第2、4、6、8、10題的得分的相關係數很高的話，那麼這份考卷在測量「數學能力」上就具有高的信度。

　　上述二種方法的缺點在於如何確信每一半或複本都是真正在測量同樣概念。同時，二個複本之間相關係數很高的話，則可表示在測量同一個概念；反之，則可表示在測量不同的概念。這與我們先前所說明的效標效度有何不同？因此有人認為，複本信度所測量的，其實不是在測量信度，而是在測量效標效度。

二、複本信度

　　譬如說，這個方法就是用二個磅秤在同一時點測量某個人的體重（事實上，應該是用一個磅秤秤完了之後，再馬上用第二個磅秤來秤）。如果所得到的二個體重值之間的差距愈小，則此磅秤的信度愈高。或者研究者設計二份問卷（題目不同，但都是測量同一個概念），並對同一環境下的二組人分別進行施測，如果這二組人的評點相關係數很高，我們就可以說這個問卷具有高的信度。

三、再測信度

　　Siegel and Hodge（1968）認為信度的定義是同一個測量工具上得分 （評點）的一致性，而不是二個複本上得分的一致性，因此信度測量最好針對同樣的測量工具做重複測試。如果我連續二個月每天用磅秤秤體重，結束時我發現比二個月前重五公斤，我們能說這個磅秤缺乏信度嗎？不見得，因為也許我這二個月應酬不斷，因此體重增加五公斤。所以信度並不是表示「一直保持不變的」意思，而是表示「當有所改變時，應顯示值的改變；當沒有改變時，就不顯示值的改變」。

信度4類型

測量工具

測量時點		相同	不同
	相同	內部一致性信度	複本信度
	不同	再測信度	複本再測信度

內部一致性信度之釋例—— 題號與困難度

題號	困難度	小傑得分
1	最簡單	10
2		10
3	略簡單	9
4		8
5	不簡單也不難	7

題號	困難度	小傑得分
6		8
7	略難	6
8		5
9	最難	4
10		4

信度的彙總說明

類型	係數	測量什麼？	方法
1.內部一致性	折半 Kuder-Richardson Formula 20 & 21 Cronbach Alpha	測量工具的項目是否為同質性，是否能反映出同樣的構念	特殊的相關分析公式
2.複本	對稱	某一工具與其複本是否能產生同樣或類似結果的程度；在同時（或稍有時差）進行測試	相關分析
3.再測	穩定	從受測者的分數中推論測試工具的可信賴程度；在六個月內同樣的測驗對同樣的對象施測二次	相關分析

Cronbach α

由於Cronbach α（Alpha）是在專題研究中常用來作為測試信度的標準，我們在此特別列出其公式：

$$\alpha = \frac{k}{k-1}\left[1 - \frac{\sum_{i=1}^{k} \sigma_i^2}{\sum_{i=1}^{k} \sigma_i^2 + 2\sum_{i}^{k}\sum_{j}^{k} \rho_{ij}}\right]$$

k = 測量某一概念的題目數
σi = 題目i的變異數
ρij = 相關題目的共變數（covariance）

Cronbach σ值≧0.70時，屬於高信度；0.35≦Cronbach σ值＜0.70時，屬於尚可；Cronbach σ值＜0.35則為低信度。

Unit 4-6
效度測量

在一般學術研究中，常出現的效度有下列三種。但是因為測量的困難，研究者只能選擇其中某些來說明某變數的效度。

一、內容效度

測量工具的內容效度是指該測量工具是否涵蓋了它所要測量的某一概念的所有項目（層面）。大體而言，如果測量工具涵蓋了它所要測量的某一概念的代表性項目（層面），也就是說具體而微，則此測量工具庶幾可認為是具有內容效度。

決定一個測量工具是否具有內容效度，多半靠研究者判斷，但實際進行研究時，並不容易判斷。研究者要考慮：1.測量工具是否真正測量到他所認為要測量的概念（變數）；2.測量工具是否涵蓋所要測量概念（變數）的各項目（各層面）。

二、效標效度

效標效度又稱為實用效度、同時效度與預測效度，涉及到對於同一概念的多重測量。同時效度是指某一測量工具在描述目前特殊現象的有效性。例如：我們用偏見量表（prejudice scale）來分辨哪些人有偏見、哪些人沒有偏見（或者偏見的程度）。預測效度是指某一測量工具能夠預測未來的能力。例如：美國商學研究所入學測驗（Graduate Management Admission Test, GMAT）用來預測申請者在未來商業界的成功潛力。

三、建構效度

假設我們建構了二類指標的社會階層，分為第一類指標、第二類指標（每類對於社會階層都有不同的分法）。假設我們有一個理論包含了這樣的命題：社會階層與偏見成反比（社會階層愈高，偏見程度愈低）。如果我們用第一類指標針對受測者來測試這個理論，得到了證實之後，我們再用第二類指標社會階層針對受測者來測試這個理論，而且也得到了證實，我們可以說新的測量工具（第二類的指標）具有建構效度。

建構效度是指測量工具能夠測量理論的概念或特質的程度。一般說來，在建構效度考驗的過程中，必須先從某一理論建構著手，然後再測量及分析，以驗證其結果是否符合原理論及建構。建構效度所包含的內容更為複雜，它包含了二個或以上的概念，以及二個或以上的操作性定義，並探討構念間及定義間的相互關係。在討論理論建構時，必須考慮到周延性及排他性問題。周延性的要求在於對原理論建構的充分了解，而排他性的要求則在於將不相關的理論建構排除在外。收斂效度所探討的是周延性的問題，而區別效度所探討的是排他性的問題。

效度3類型

下面三種類型的效度，從內容效度、效標效度到建構效度，可以說是漸進式的、累積式的。換句話說，後面的類型具有前面類型的特性，再加上些新的特性。

類型	測量什麼？	方法
1.內容效度 （**content validity**）	項目的內涵能適當代表所研究的概念（所有相關項目的總和）的程度。	判斷式的或是以陪審團進行內容效度比率的估計。
又稱表面效度（face validity）、邏輯效度（logical validity）。		
2.效標關聯效度 （**criterion-related** **validity**）	預測變項所能適當的預測效標變項之相關層面的程度。	相關分析。
又稱實用效度（pragmatic validity），Selltiz等人（1976）將實用效度再分為如下：		
①同時效度 （concurrent validity） ②預測效度 （predictive validity）	對目前情況的描述；效標變項的資料可以與預測分數同時獲得。 對未來情況的預測；過了一段時間後，才能測量效標變項。	
3.建構效度 （**constructive validity**） 分為收斂效度（convergent validity）、區別效度（discriminant validity），這兩個效度要同時獲得，才可認為具有建構效度。	回答這樣的問題：「造成測量工具變異的原因是什麼？」企圖確認所測量的構念以及決定測試工具的代表性。	判斷式的。 所建立的測試工具與既有工具的相關性。 多重特質多重方法（multitrait multimethod analysis）。

收斂效度與區別效度

我們現在用圖解的例子來說明收斂效度與區別效度。我們現在要衡量二個變數，分別為自尊與內控。自尊是由三個題項來衡量（分別稱為自尊$_1$、自尊$_2$、自尊$_3$），而內控也是由三個題項（分別稱為內控$_1$、內控$_2$、內控$_3$）來衡量。這6個題項都是由李克特五點尺度來衡量。如果自尊的各題項其相關係數很高，則自尊具有收斂效度；如果內控的各題項其相關係數很高，則內控具有收斂效度；如果自尊的各題項與內控的各題項其相關係數很低，則自尊與內控具有區別效度。

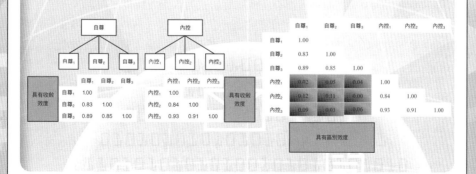

Unit **4-7**
測量工具的實用性考慮與誤差

在科學的嚴謹度上，測量工具自然要求信度與效度，但在實務上，測量工具是以具有經濟性、方便性及可解釋性（interpretability）為主。但這並不是說，在實務上，測量工具就可以完全不顧及信度與效度。

一、測量工具的實用性考慮

(一)經濟性：在實務上由於研究經費的限制，所以必須犧牲一些理想。測量工具的長度（例如：用30個題目來測量人們的社會滿意度）固然可以增加信度，但是為了節省成本，我們則必須犧牲某種程度的信度，藉著減少題目的數目來減低成本。

(二)方便性：方便性是指測量工具容易操作的情形。如果一個問卷說明得夠仔細、清晰，並以相關的例子加以輔助說明，則會使得填答者相當容易填答。不可否認的，概念愈複雜，愈需要做清晰、詳盡的解釋。當然，問卷設計、布置（版面配置）的好壞也會影響填答者是否方便回答。

(三)可解釋性：可解釋性的意思是指由設計者所設計出來的測量工具可以很容易的被其他研究者解讀，由專家學者所發展出來的標準化測驗（測量工具或量表）的可解釋性就很高。可解釋性的達成，包括了對於右圖所列示七個事項的詳細解說。

二、誤差

測量工具的誤差是指缺乏效度與信度的問題。我們要注意：這種誤差是專題研究中，很多類型之誤差的一種。

在專題研究的各階段所可能產生的誤差在嚴重性上各有不同，同時研究者是否有能力去剔除、改正它們也有所不同。誤差可能是隨機的（random），也可能是系統性的（systematic）。在許多情況下，我們將誤差歸因於隨機的，也就是像在實驗環境中那些不可控制的、沒有任何固定形式的誤差（如實驗對象的疲倦等）。

在隨機的誤差中，有些會使真正的值產生偏高現象，有些則會使真正的值產生偏低現象，因此如果被觀察（或被實驗、被調查）的對象人數夠大，抽樣誤差（高低的誤差）會相互抵銷，這就是所謂的大數法則（law of large numbers）。

相形之下，系統性誤差會以一定的形式出現，因此不會有高低相抵、正負相消的情況。但因為是定形的，所以有時容易被察覺，進而可加以校正或剔除。假如有位資料輸入人員一直把1打成是2，這就是系統性誤差。如果我們發現了這個錯誤，也很容易改正。但如果沒有發現這個錯誤，所造成的影響也不嚴重，因為以一個常數來改一個變數的值，並不會影響該變數與其他變數的相關係數值。

測量工具的實用性考慮

1. 經濟性

測量工具的長度雖能增加信度，但為了節省成本，必須犧牲某種程度的信度。

2. 方便性

指測量工具容易操作的情形。

不方便？

例如：問卷中的問題語意不清、排列擁擠、複製（影印）模糊、表格的斷頁等，都會影響填答者是否方便填答。

3. 可解釋性

指由設計者所設計出來的測量工具，可以很容易的被其他研究者解讀。

可解釋性達成的7事項

①該測量工具的功能，以及設計該測量工具的步驟。
②如何使用該測量工具。
③如何計分（給予每一項目的分數或評點），以及計分的規定。
④適合受測的對象，以及此測量工具是以什麼受測對象而做成的。
⑤信度的證據。
⑥每題與每題之間的評點的相關性。
⑦此測量工具與其他測試工具的相關性。

研究階段所產生的誤差

下表列出了在進行專題研究每一階段可能產生的誤差，即使在研究開始前，研究者可能因為選擇研究主題的不當（選了一個不相關、不重要的主題），而犯了嚴重的錯誤。

研究階段	可能的誤差
1. 建立概念及假設（包括操作性定義）	缺乏內容效度（由於假設界定的模糊不清、用詞不當）。
2. 建立測量工具（例如：問卷）	缺乏信度（對問卷中的問題，用詞錯誤或模糊不清）。
3. 抽樣	缺乏外部效度（抽樣的不當）。
4. 資料蒐集	不能控制環境、受訪者的個人因素（如疲倦）、研究者與受訪者之間的問題、研究工具的失靈（錄音不良、設備故障）、訪談者的誤解。
5. 編碼	由於資料的漏失、難讀或編碼本身的錯誤。
6. 資料分析	統計技術的誤用，資料的解釋錯誤，統計結果在社會問題上的推論錯誤。

Unit **4-8**
測量工具的發展

Lazarfeld（1950）認為要發展一個測量工具，必須歷經以下四步驟，茲說明之。

一、構念的發展

第一步就是發展構念。當研究者發展大海公司的「公司形象」這個構念時，他心中對於「公司形象」指的是什麼，多少有些概念。

二、構念的規格確認

第二步就是將原來的構念（亦即「公司形象」）細分成幾個組成因素（或概念）。「公司形象」可以再細分為以下四個部分，一是公司公民，即公司被社區居民認為對社區的貢獻情形；二是生態責任，即公司在廢物處理、保護環境上的努力程度；三是雇主，即公司是否被認為是適合工作的場所，或是被認為是值得終身投效的地方；四是滿足顧客需求，即顧客對於公司產品及服務的看法如何。

我們可以利用統計技術來決定哪些概念是構成「公司形象」這個構念的一部分，Cohen（1963）曾利用集群分析產生了能代表「公司形象」的六個構面。

三、指標的建立

在建立了有關的四個概念之後，接著就要發展如何測量這些概念的指標。這些指標可以是問問題的形式，也可以是統計上的測量（例如：問次數、頻率、百分比等）。例如：在測量「公司公民」時，可以右圖所列問題來問。這種問答方式是屬於單一尺度指標值的，曾受到許多批評，因為不如多重因素指標值來得有效（具有效度）。如果我們用多重因素指標值來測量「公司公民」，所問的問題形式，即會呈現極同意、同意、無意見、不同意、極不同意中勾選回答的情形。

四、指標值的形成

在這個步驟，我們要把各個概念結合成單一指標值。在以多重因素指標來表達「公司公民」例子中，我們將極同意到極不同意分別給予5、4、3、2、1的評點，然後就每個評點（得分）加以彙總，算出平均數以形成單一指標值。因此，經過給予每個項目的尺度值（scale value）之後，我們可由原先的四個指標變成了單一指標值，這個單一指標值就代表著「公司公民」。

同樣的，我們可用相同方式（過程）來建立生態責任、雇主、滿足顧客需求這些構念的單一指標值。最後「公司形象」這個構念的指標值就是這四個概念的單一指標值的總和，這個彙總的「公司形象」指標值就能拿來和其他公司的「公司形象」指標值做比較（當然，其他公司的「公司形象」指標值要以同樣層面測量）。

測量工具的發展4步驟

1。構念的發展（construct development）

2。構念的規格確認（construct specification）

「公司形象」6構面

Cohen（1963）的研究中，曾利用集群分析（cluster analysis）產生了能代表「公司形象」的6個構面

①產品聲望

②雇主角色

③對顧客的態度

④公司的領導力

⑤對社區的貢獻

⑥關心個人

3。指標的建立（selection of indicators）

4。指標值的形成（formation of indexes）

測量「公司公民」——單一尺度指標值問答

下列各描述中，哪一個最能代表大海公司在我們社區作為一個「公司公民」的情形：
- □ 1.大海公司是社區活動的發起者
- □ 2.大海公司是社區活動的支持者但不是發起者
- □ 3.大海公司在社區活動的支持方面表現得平平
- □ 4.大海公司在社區活動的支持方面表現得很差

測量「公司公民」——多重因素指標值問答

請就下列的每一題，勾選最能說明大海公司的情形：

	極同意	同意	無意見	不同意	極不同意
1.社區活動資金的贊助者	____	____	____	____	____
2.高等教育的支持者	____	____	____	____	____
3.地方政府的支持者	____	____	____	____	____
4.公民發展計畫的支持者	____	____	____	____	____

第 **5** 章

量 表

●●●●●●●●●●●●●●●●●●●●●●●●●●●● 章節體系架構 ▼

Unit **5-1**
選擇量表的考慮因素

　　量表法或稱尺度法（scaling）是將某數字（或符號）指派到物體的某個屬性上，以將此數字的某些特性分享給該屬性。例如：我們將數字量表指派到各種不同的冷熱程度，以這個量表所做成的測量工具就是溫度計。

　　嚴格的說，我們是將數字指派給某個個體的屬性的指示物（indicant）。例如：我們要測量一個人（個體）的家庭生命週期（屬性），我們就會設計問題（指示物）來加以測量。在選擇量表時，要考慮以下五個問題。

一、研究目的

　　設計量表的目的有二，一是測量研究對象的某些特性；一是利用受測對象做為評審，來看刺激物有無不同。例如：我們可將具有同意、不同意這二個量表的政府管制方案向受測對象詢問。如果我們有興趣研究的是受測者，我們就可合併那些答案相同的受測者，並將他們歸類為保守派或激進派。在這裡我們所強調的是測量不同人的態度差異，而第二個研究目的著重在人們如何看這些不同管制方案。

二、比較／非比較量表

　　量表可分為比較式量表與非比較式量表兩種。在比較式（等級）量表中，要受測者做選擇與比較。非比較式量表是要受測者對於某個個體（物件）加以評分，但不直接參考其他個體（物件）。

三、偏好程度

　　量表設計也涉及到偏好測量或非偏好評估。在偏好測量中，要受測者選擇出所偏好的個體（物件）。在非偏好的評估中，要受測者判斷哪一個個體（物件）具有更多的某些特性，而不必顯露他的偏好。

四、量表屬性

　　量表也能用其本身具有的屬性來看。我們在設計某變數的量表時，應思考所涉及的變數是哪種屬性：名義的或名目的、次序的、區間的或等距的、比率的。

五、向度數目

　　量表可分為單元量表或多元量表。單元量表是指我們只測量受測者或個體的一個屬性或向度。例如：我們只以「可提攜性」來測量員工潛力，但是我們也可用幾個向度來測量「可提攜性」這個變數，然後再將在各向度上的得分加以加總。多元量表是以若干個向度的屬性空間來測量，「可提攜性」的向度當然更多種。

選擇量表的考慮因素

1. 研究目的

①測量研究對象的某些特性

②利用受測對象做為評審，來看刺激物有無不同

→ 我們可用同樣數據，但將研究重心放在「人們如何看這些不同管制方案」，所以研究所強調的是管制方案的差異。

> 態度量表的主要目的

量表，尤其是態度量表，用在專題研究中具有以下三個主要目的，一是測量；二是藉著澄清操作性定義來幫助概念（變數）的界定；三是在測量敏感性問題時，不使受測者知道研究的目的，以免產生偏差。

2. 比較／非比較量表

①比較式量表（comparative scale）

→ 例如：從兩款新轎車中，選擇一個比較具有吸引力的轎車。

②非比較式量表（noncomparative scale）

→ 例如：要受測者在五點量表上（五個格子的量表上）評估新轎車的款式。

3. 偏好程度

涉及到偏好測量（preference measurement）或
非偏好評估（nonpreference evaluation）。

4. 量表屬性

①名義的或名目的

→ 離散的、標記式的類別，例如：男女。

②次序的

→ 順序的類別，例如：非常同意、無意見、非常不同意。

③區間的或等距的

→ 順序的類別中，每一個次序間的區間是一樣的，例如：華氏溫度。

④比率的

→ 區間的測量，但有固定的零點，例如：年齡。

以名義量表為例，名義量表基本上是建立互斥的（exclusive）類別。類別的數目要是盡舉的（exhaustive），而每類別之內的元素要具有同質性。

5. 向度數目

①單元量表（unidimensional scale）

→ 只測量受測者或個體的一個屬性或向度。

②多元量表（multidimensional scale）

→ 以若干個向度的屬性空間來測量。例如：「可提攜性」可以三個獨特的向度（管理績效、技術績效、團隊精神）來表示。

Unit 5-2
常用的量表之一

在專題研究中有許多量表技術（scaling techniques），由於篇幅關係，本書不可能將適用特殊情況的各種量表分別介紹；我們將介紹在專題研究中常用的量表。

專題研究常用的量表分為評等量表（rating scales）及態度量表（attitude scales）兩類。評等量表是受測者針對一個人、物件或其他現象，在一個連續帶上的某一點（或類別中的某一類）對單一向度（single dimension）加以評估，然後再對其所評估的那一點（或那一類）指派一個數值。

我們了解，在專題研究中，以問問題的方式來測量某個概念是相當普遍的事。例如：我們可問某經理有關他對某部屬的意見，他可能回答的方式及答案有：「很不錯的機械工」、「小過不斷、大過不犯」、「工會的激進分子」、「值得信賴」或者「工作起來很有幹勁，但常常遲到」。這些回答表示了他在評估員工時的不同參考架構（frames of reference），但是這些回答這麼分歧，我們怎麼分析呢？

我們可以用兩種方法來增加這些答案的可分析性、有用性。第一，將每個屬性分開來，要求受測者就每一屬性分別加以評估；第二，我們建立一個結構化的工具來代替自由回答的方式。我們在將定性的向度加以量化時，可用評等量表法（rating scale）。

評等量表分為非比較式評等量表、比較式評等量表、等級排序式評等量表及固定總和評等量表四種，由於內容豐富，特分四單元說明之。

一、非比較式評等量表

專題研究中常用的評等量表有下列圖形式評等量表（graphic rating scales）、逐項列舉式評等量表（或簡稱逐項式量表，itemized rating scales）兩種：

(一)圖形式評等量表：圖形式（graphic）、非比較式的評等量表有時被稱為是連續式評等量表（continuous rating scale），這類量表是要求在一個涵蓋著整個評點範圍的連續帶上做標記，以表示他（她）的評估情形。由於是在一個連續上做標記，所以在理論上有無限多的可能評點。

這類量表又稱溫度計表（thermometer chart），受測者在圖形量表上寫出代表某一物件的程度（如右圖例一）。圖形式評等量表的另外變化是以量表的兩端表示態度的兩個極端，受測者只要在這個量表上的適當位置打「✓」即可（如右圖例二）。

用圖形式評等量表來測量時，對於標記的定義常常是不清楚的，例如：什麼叫做「永遠」、「從來」、「相處」、「很好」等，受測者在回答這些問題時，都會使用自己的參考架構。事實上，許多其他量表均有同樣缺點。圖形式評等量表還有如右圖例三的變化。

評等量表4種類

1 非比較式評等量表
（noncomparative rating scale）

- 1-1. 圖形式評等量表
- 1-2. 逐項列舉式評等量表

2 比較式評等量表
（comparative rating scale）

3 等級排序式評等量表
（rank order rating scale）

4 固定總和評等量表
（constant-sum rating scale）

圖形式評等量表之例一　溫度計表

| 100 — 非常好 |
| 50 — 無意見 |
| 0 — 非常壞 |

在0到100的刻度上，請寫出您對剛剛所看到的廣告影片的評分：

分數：＿＿＿＿＿＿

圖形式評等量表之例二

大海與他的同事相處情形如何？
（在最能表達您意見的地方打「✓」）

永遠相處
得很好
100　　　　　　　　　　　　　　　　**0**
從來沒有
相處好過

圖形式評等量表之例三

大海與他的同事相處情形如何？
（在最能表達您意見的地方打「✓」）

永遠相處　　有時很麻煩　　常常有麻煩　　從來沒有
得很好　　　　　　　　　　　　　　　相處好過

Unit **5-3**
常用的量表之二

　　專題研究常用兩種非比較式評等量表之一的逐項列舉式評等量表，簡稱逐項式量表。我們對於該評等量表的重要考慮因素彙總說明，並提出一般性建議。

一、非比較式評等量表（續）

　　(二)逐項列舉式評等量表：逐項列舉式評等量表需要受測者在有限的類別中挑選一個類別（這些類別是以其量表位置加以排列），另外一種逐項列舉式評等量表中有若干個陳述，受測者從其中勾選最能表達其意見的那個陳述；這些陳述是以某種屬性的漸進程度來呈現的，通常有五到七個陳述（如右圖例一）。

　　如對逐項列舉式評等量表進一步的研究，我們可從下列類別的數目、平衡式與非平衡式類別、奇數或偶數類別、強迫式或非強迫式、文字敘述這些角度來分析：

　　1.類別的數目：評等的方式可能是「喜歡—不喜歡」這二個類別的（或稱二點）量表，或者「同意—無意見—不同意」三點量表，以及其他具有更多類別的量表。到底要用三點量表好呢？還是五點、七點量表？學者之間並沒有共識。在專題研究中，所用的量表從三點到七點不等，而且用幾點量表似乎沒有什麼差別。學者曾將1940年代的論文加以整理，發現有3/4以上的論文皆用五點量表來測量態度；將最近的論文加以整理發現，用五點量表還是相當普遍，但是用較長量表（如七點量表）的情形有愈來愈多的趨勢。

　　2.平衡式與非平衡式類別：研究者也必須決定是否用平衡式或非平衡式的類別。平衡式量表是指「滿意」與「不滿意」的類別數目是相同的。研究者在決定是否用平衡式量表時，應考慮所希望獲得資訊類型及他所假設的態度分數在母體中分布的情形。在一項針對某一品牌的消費者所做的研究中，研究者如果能夠很合理的假設：大多數的消費者對於此品牌有好的整體態度（如果研究者所要測量的是此品牌的某一屬性，那麼這個假設就顯得脆弱了）。在此情況下，具有「有利」的類別比「不利」的類別還多的非平衡式量表，可能比較能反映出實在的情形。

　　3.奇數或偶數的類別：偶數類別和平衡式類別（「有利」和「不利」的類別數目相同）可說是一體兩面，如果我們用的是奇數類別，則中間那個項目通常被視為是中性的（neutral point）。由於這類的類別在專題研究中常用到，尤其是在產品概念測試方面，所以我們在比較不同類別的研究報告結果時，要特別注意，才不會造成在解釋上高估或低估的現象。

　　4.強迫式或非強迫式：強迫式量表（forced scale）是要受測者一定要在量表的類別上表態。如果受測者對這個主題真的「無意見」（如「不喜歡也不討厭」），或者是不知道這個主題，他就會勾選「無意見」，這樣的話，我們就沒有「強迫」他表達實情。所以，我們要加上「不知道」這個類別。

非比較式評等量表

逐項列舉式評等量表之例──有若干個陳述

大海與同事相處情形如何？

☐ 幾乎總是與同事有摩擦或衝突
☐ 常常與同事有爭執，次數比其他同事還多
☐ 有時候和同事有摩擦，次數與其他同事差不多
☐ 不常和同事摩擦，次數比其他同事還少
☐ 幾乎從來沒有與同事有摩擦或衝突

逐項列舉式評等量表之例二

大海與他的同事相處情形如何？
（在最能表達您意見的地方打「✓」）

☐ 永遠相處得很好	☐ 有時很麻煩	☐ 常常有麻煩	☐ 從來沒有相處好過

永遠相處得很好	☐	☐	☐	☐	☐	從來沒有相處好過
	1	2	3	4	5	

三點尺度
是_____ 不一定_____ 不是_____

四點尺度
許多_____ 有一些_____ 幾乎沒有_____ 完全沒有_____

五點尺度
完全同意_____ 略同意_____ 無意見_____ 略不同意_____ 完全不同意_____

逐項列舉式評等量表之例三

長量表

好	____ : ____ : ____ : ____ : ____ : ____	壞
現代化	____ : ____ : ____ : ____ : ____ : ____	落後

Stapel尺度

☐	☐	☐	☐	☐	☐
−		口味			+

Unit 5-4
常用的量表之三

非比較式的圖形式、逐項列舉式評等量表可以轉換成比較式的評等量表，只要引進一個比較點（comparison point）就可以了。在比較式評等量表中，圖形式在專題研究上用得比較少，而逐項列舉式則是非常普遍（這個情形和非比較式一樣）。我們在非比較式中所討論的逐項列舉式評等量表的各種變化（例如：平衡式、強迫式等），也可以適用在比較式的評等量表中。

一、非比較式評等量表（續）

(二)逐項列舉式評等量表（續）：

5.文字敘述： 以文字敘述（verbal description）的類別是否會對回答的正確性有所影響？學者發現：對每個類別做文字敘述並不會增加最終資料的正確性及可信度。有許多量表的類別是以圖畫來代替文字，例如：右圖「微笑量表」（smile face scale）最適合用在針對五歲小孩的調查研究上。有些量表類別會伴隨著文字敘述，例如：右圖的D-T量表（尺度）；有些量表類別是以數字表示，例如：表中的百分比量表；有些量表則是除了兩端之外沒有標記（文字敘述），例如：右圖的S-D量表（尺度）。

二、比較式評等量表

在使用等級量表時，受測者就二個（或以上）的個體中做選擇。通常要受測者選出他認為「最好的」或「最喜歡的」。我們在做二個個體的比較時，結論會很清楚，孰優孰劣立見分曉。但我們在做三個以上的個體比較時，結論就可能「令人迷惑」了。例如：我們做甲、乙、丙三個產品品牌的比較，要受測者從這三個品牌中勾選一個最好的品牌，假設我們獲得的結論是這樣的：40% 的人認為甲最好；30% 的人認為乙最好；30% 的人認為丙最好。我們可以結論甲最好嗎？不要忘了，有60% 的人認為乙或丙比甲好。對於這樣的困惑，可利用成對比較法（paired comparison）以及等級排列技術（rank-order technique）來加以解決。

(一)偏好及區別的成對測量： 假設大海飲料公司想要藉著減少飲料中的含糖量來調降價格，但是該公司不想讓消費者注意到在口味上的變化，因此它必須決定含糖量要減多少，才不會引起消費者的注意。像這樣的問題，就要測量消費者對於產品（或品牌）的區別力（ability to discriminate）。

大海公司需要面對的另外一個重要問題，就是要決定在市場上推出二種類似品牌中的哪一種？以消費行為的研究觀點來看，就是消費者是否比較偏好新品牌，比較不喜歡現有品牌？像這樣的問題，就需要測量消費者對於類似產品的區別力及偏好（preference）。

非比較式評等量表之逐項式列舉評等量表

微笑量表

（口述）
請告訴我，你喜歡大海玩具的情形怎麼樣？
如果你不喜歡，請指最左邊的那張臉；
如果你很喜歡，請指最右邊的那張臉。

測量產品或服務滿意度的3種評等量表

D-T尺度（Delighted Terrible）

7	6	5	4	3	2	1
□	□	□	□	□	□	□
非常滿意	很滿意	略滿意	無意見	略不滿意	很不滿意	非常不滿意

百分比尺度

100%　90%　80%　70%　60%　50%　40%　30%　20%　10%　0%
非常滿意　　　　　　　　　　　　　　　　　　　　　非常不滿意

需求S-D尺度（Semantic Differential）

非常好　_____：_____：_____：_____：_____：_____：_____：　非常差
　　　　（7）　　　　　　　　　　　　　　　（1）

逐項列舉式評等量表的重要考慮因素及一般性建議

課題	一般性建議
1.文字說明	至少要對某些類別做清楚的文字說明。
2.類別的數目	如果要將分數加總，用五種類別即可； 如果要比較個體的屬性，至多可用到九種類別。
3.平衡式或 　**非平衡式**	除非明確知道受測者的態度是非平衡式的（如所有人都做 「有利」的評估），否則用平衡式的。
4.奇數或偶數類別	如果受測者能感覺到「中性」態度，用奇數類別，否則用偶數 類別。
5.強迫或非強迫式	除非所有受測者對於要測試的主題有所了解，否則用非強迫式。

Unit 5-5
常用的量表之四

評等量表計分為四種，不能說每種都很完美，只能說研究者必須各取所需。

二、比較式評等量表（續）

(二)成對比較法：用此方法，受測者可以很清楚的在二個個體之間做選擇。在專題研究中，新產品測試研究（product-test study）常用成對比較法，即研究者將新的飲料口味與既有品牌做比較。通常要比較的刺激物（stimulus，例如：品牌、行銷方案等）有二種以上的話，會造成受測者的困惑或不耐。

根據經驗，如果問卷中還有其他題目，五、六個刺激物應不算不合理；如果只有成對比較的題目，則十五個刺激物應不算太過分。在不減少刺激物數目的前提下，如何減少受測者做比較的次數呢？有一種方法，就是要某些受測者只對某些刺激物做比較就可以了，但是每個成對的刺激物被比較的次數要一樣。

成對比較的數據可以用幾種方式來處理。如果比較的結果有相當程度的一致性，就會產生這樣的情形，即受測者對於甲的偏好大於乙，對於乙的偏好大於丙，則對於甲的偏好會大於丙。這種遞移（transitivity）的情況未必這麼完美，但應不致於太離譜才對。

三、等級排序式評等量表

(一)加總評點法：就是將每一題的得分加總，每一題最高只給一分。例如：大海公司想要促銷嬰兒食品，想了解消費者對於婦女生育的態度。該公司所設計的問卷部分內容，如右圖。

(二)等級排列技術：就是受測者以某種標準來評估人、物件、現象。這個類型有許多如右圖的變化。

四、固定總和評等量表

如果對甲的偏好二倍於乙，則甲的分數應是乙的二倍（因為這些資料是比率量表的資料）。固定總和評等量表的例子如下：

請將總分100分分配給以下各電視品牌。分數愈高的，表示品質愈好。

奇美	＿＿＿＿
大同	＿＿＿＿
聲寶	＿＿＿＿
三洋	＿＿＿＿
普騰	＿＿＿＿
總分	100

評等量表4種類

1. 非比較式評等量表

1-1. 圖形式評等量表
1-2. 逐項列舉式評等量表

2. 比較式評等量表

2-1. 偏好及區別的成對測量
2-2. 成對比較法

3. 等級排序式評等量表

3-1. 加總評點法
　　例如：大海公司想要促銷嬰兒食品，想了解消費者對於婦女生育的態度。該公司所設計的問卷部分內容如下：

題目	同意	不同意
1. 結婚的目的在於生育下一代	1	0
2. 生育是婦女最神聖的責任	1	0
3. 一男一女比二男、二女還好	1	0
4. 沒有孩子的婦女會有殘缺感	1	0
5. 未曾養育過孩子的父親，不算是一個「真正的男人」	1	0

3-2. 等級排列技術

 例一

> 請依照您最想購買的車子加以排列（1代表最想購買，4代表最不想購買）：
>
> _____ BMW　　　　　　　　_____ Mercedes 450 SL
> _____ TOYOTA　　　　　　 _____ Jaguar

例二

> 就以下陳述，以1到4排定次序。1代表最具有解釋力的敘述。
>
> 我選擇做系統分析師的理由是：
>
> _____ 工作有意義
> _____ 待遇較高
> _____ 有機會做創造性的工作
> _____ 能夠成長

4. 固定總和評等量表

Unit **5-6**
評等量表的問題

圖解研究方法

在評估所產生的誤差有下列五種，當事實資料無法蒐集或蒐集不完全時，主管免不了要用主觀判斷。然而，主觀判斷的信度、效度較差，此乃不爭的事實。

一、分配誤差

特別「仁慈」的主管會將他的部屬評估得特別好，因此他所評估得最差的部屬的績效，仍較「嚴峻」的主管所評估得最好的部屬的績效為高。

主管不願反映出「管理不當」的情形，就容易產生仁慈誤差；而主管刻意反映出別部門的管理不當，就容易產生嚴峻誤差。而中間傾向的誤差導致主管不願將部屬評估得特別好或特別差。為了避免上述誤差，我們可用強迫分配法。

二、暈輪效應

一般人常犯「類化」或「以偏概全」的錯誤，或是從對某人的某個屬性的判斷，來推論此人其他屬性——這就是人事心理學所說的「暈輪效應」。評估者可用「水平式評估」（horizontal rating，每次所有受評者在同一量表上被評估）的方式，或「評估層面兩極端的調換」（reversal of the rating poles，有些題的「極同意」在最左邊，有些題的「極同意」在右邊），來減低暈輪效應對評估正確性的影響。

三、自我中心效應

自我中心效應的產生，特別是因為評估者以其自我知覺做為評估的標準，可細分為「對比效應」（contrast effect）及「類似效應」（similarity effect），茲說明如右。

四、循序效應

在評估部屬績效，主管會使用到若干個層面，這些層面出現的先後次序，亦可能造成評估偏差。有時評估者對被評估者的第一個層面評估得很好（或過分好），就把被評估者在第二個層面的表現故意壓低，以企圖「彌補」回來；或者有些主管想到由於某個部屬在第一個層面表現非常好，在第二個層面的表現自然會好。不論何種情形，只要以後的評估受到先前所做評估的影響，都可稱為循序效應。

改正之道可從評估表格的改進著手。如果用很多種表格，而這些表格的內容相同，但次序不同，就可以減低循序效應對評估正確性的影響。

五、評估者的偏差

主管在評估部屬時，有意無意之間（通常是無意的）受到部屬的工作階層、工作分類、年齡、服務年數、性別、省籍、宗教等影響。

評估所產生的5誤差

1. 分配誤差（distribution error）
2. 暈輪效應（halo effect）
3. 自我中心效應（egoecentric error）
4. 循序效應（sequential error）
5. 評估者的偏差（evaluator bias）

包括仁慈誤差（leniency error）、嚴峻誤差（severity error）或稱負向仁慈誤差，以及中間傾向誤差（central tendency error）。

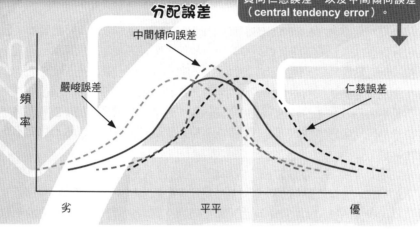

分配誤差

中間傾向誤差

嚴峻誤差

仁慈誤差

頻率

劣　　　　　　平平　　　　　　優

強迫分配法

所謂強迫分配法（forced distribution of rating）乃是硬性規定績效最佳（7%）、次佳（24%）、平平（38%）、次差（24%）、最差（7%）的比率，如下圖所示。

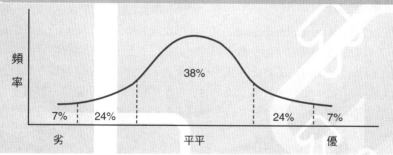

頻率

38%

7%　24%　　　　　　　　　　24%　7%

劣　　　　　　平平　　　　　　優

知識補充站

對比效應 vs. 類似效應

對比效應所指的是，評估者由於受自我知覺的影響，會有此種傾向：將被評估者評估得與自我知覺的完全相反，這好像是在說：「由於我是一個卓越的主管，因此沒有任何一個部屬會比我行。」而類似效應所指的是，評估者將被評估者評估得與自我知覺的完全一致。這好像是在說：「由於我是一個卓越的主管，因此我的任何一個部屬都會和我一樣行。」

Unit **5-7** 態度量表

專題研究中常用的態度量表，有李克特尺度法、語意差別法及Stapel尺度法。

一、李克特尺度法

李克特尺度法（Likert scale）是由Rensis Likert（1970）所發展的，因而得名。評估者以同意或不同意對某些態度、物件、個人或事件加以評點。通常李克特尺度法是五點或七點，研究者將各敘述（各題）的分數加總以獲得態度總分。

李克特尺度法的有用性決定於對各陳述的精心設計。要注意：1.這些敘述必須要有足夠的充分性、差異性，才可望捕捉到「態度」的有關層面；2.所有陳述必須要清晰易懂，切忌模稜兩可；3.每個陳述都必須要有敏感性，以區別具有不同態度的受測者。

右表是李克特尺度法之例。大海超市可用這些量表來測量顧客的態度。值得注意的有二，一是反應類別只有文字標記，沒有數字標記。研究者在彙總了受測者的資料（所做的標記）之後，可依「非常同意」到「非常不同意」分別給予1到5的評點（分數），或是另外一組數字（例如：-2、-1、0 、+1、 +2）。二是在該表中，第一、三、四題是對商店做有利的態度陳述，而第二、五、六題是對商店做不利的態度陳述。一個好的李克特量表在有利、不利的陳述數目方面要保持相等，這樣才不會產生誤差。

二、語意差別法

語意差別法（semantic differential）或稱語意差別量表（semantic differential scale），其目的在於探求字句及概念的認知意義。專題研究學者曾將原版的語意差別量表加以修改，以運用在消費者態度的測量上。語意差別法也是具有幾個要評估者加以勾選的項目，如右表所示。該表的語意差別量表項目凸顯了三個主要基本特色，一是它是利用一組由兩個對立的形容詞（而不是完整的句子）構成的雙極量表來評估任何概念（如公司、產品、品牌等）；受測者的標記代表其感覺的方向及強度。二是每一對的兩極化形容詞均由七類量表分開，在其中沒有任何數字或文字說明。三是在有些量表上，有利的描述呈現在右邊；在有些量表上，有利的描述呈現在左邊。這個道理和李克特尺度法中混雜著有利、不利的敘述是一樣的。

態度的總分是由每項的總分加總而得。七類量表可分別給予1到7的分數，但對於不利的項目，分數給予的方式則要相反。對於態度總分的解釋和李克特尺度法是一樣的。

語意差別法最普遍的應用就是建立圖形輪廓，如右圖大海超市與小山超市的圖形輪廓所示。在每一項目上的那一點，表示著所有受測者的平均分數。

態度量表

李克特尺度法正反敘述的分數指派

研究者在彙總每一題的分數時，各題的分數高低應應永遠保持一致的態度方向。換句話說，在有利的敘述中（如第一、三、四題）的「非常同意」與在不利的敘述中（如第二、五、六題）的「非常不同意」要指派相同的評點（即給予相同的分數）。

測量顧客態度的李克特尺度法

在下列各敘述中，請在最能表示你對大海超市態度的五種類別中打勾。如果你「非常同意」該敘述，請在右邊的「非常同意」處打勾（✓）。

	非常不同意	不同意	無意見	同意	非常同意
1. 櫃檯結帳人員是友善的	☐	☐	☐	☐	☐
2. 結帳速度很慢	☐	☐	☐	☐	☐
3. 價格合理	☐	☐	☐	☐	☐
4. 產品項目齊全	☐	☐	☐	☐	☐
5. 營業時間不方便	☐	☐	☐	☐	☐
6. 行進路線不清楚	☐	☐	☐	☐	☐

語意差別量表的項目

以下是對大海超市的態度調查。請在適當的格子上打勾（✓）。

1. 友善的櫃檯結帳人員　___:___:___:___:___:___:___　不友善的櫃檯結帳人員
2. 緩慢的結帳速度　___:___:___:___:___:___:___　很快的結帳速度
3. 低價　___:___:___:___:___:___:___　高價
4. 產品項目齊全　___:___:___:___:___:___:___　產品項目不齊全
5. 不方便的營業時間　___:___:___:___:___:___:___　方便的營業時間
6. 行進路線不清楚　___:___:___:___:___:___:___　行進路線清楚

大海超市與小山超市的圖形輪廓

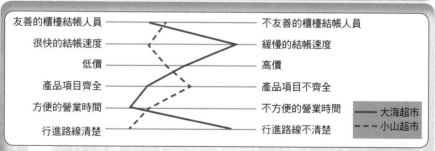

上圖所表示的是杜撰的二個超市的圖形輪廓（pictorial profile）。為了方便閱讀，可將有利的敘述放在同一邊。從圖中我們可以發現：在顧客心目中，大海超市在「友善的櫃檯結帳人員」、「產品項目齊全」、「方便的營業時間」方面比小山超市還好。
語意差別量表具有相當大的實用價值及管理涵義，像上圖所提供的資訊可以勾勒出在顧客眼中企業的相對優勢及弱點。語意差別法是當今專題研究中，被使用得最為廣泛的技術。然而要發展一個有用的語意差別量表並非易事，我們在李克特尺度法中說明的注意事項，也同樣的可以應用在這裡。

第 **6** 章
抽樣計畫

●●●●●●●●●●●●●●●●●●●●●●●● ●章節體系架構 ▼

Unit **6-1**
了解抽樣

圖解研究方法

幾乎所有調查均需依賴抽樣，可是現代的抽樣技術是如何發展而來的呢？

一、抽樣的基本概念

現代的抽樣技術是基於現代統計學技術及機率理論發展出來的，因此抽樣的正確度相當高，再說即使有誤差存在，誤差的範圍也很容易測知。

抽樣的邏輯是相對單純的。我們首先決定研究的母體（population），例如：全國已登記的選民，然後再從這個母體中抽取樣本。樣本要能正確的代表母體，使得我們從樣本中所獲得的數據最好能與從母體中所獲得的數據是一樣正確的。值得注意的是，樣本要具有母體的代表性是相當重要的；換句話說，樣本應是母體的縮影，但這並不是說，母體必須具有均質性（homogeneity）。機率理論的發展可使我們確信相對小的樣本就能具有相當的代表性，也能使我們估計抽樣誤差。

抽樣的結果是否正確與樣本大小（sample size）息息相關。由於統計抽樣理論的進步，即使全國性的調查，數千人所組成的樣本亦頗具代表性。

二、樣本與母體

在理想上，我們希望能針對母體做調查。如果我們針對全臺人民做調查，發現教育程度與族群意識呈負相關，我們對這個結論的相信程度自然遠高於對1,000人所做的研究。但全國性調查不僅曠日廢時，而且所需經費又相當龐大，我們只有退而求其次的進行抽樣調查。我們可以從母體定義「樣本」這個子集合。抽樣率100% 表示抽選了整個母體；抽樣率1% 表示樣本數占母體的百分之一。

我們從樣本中計算某屬性的值（又稱統計量，例如：樣本的所得平均），再據以推算母體的參數值（parameters，例如：母體的所得平均）範圍。

我們應從上（母體）到下（樣本或部分母體）來進行，例如：從二百萬個潛在受訪者中，抽出4,000個隨機樣本。我們不應該由下而上進行，也就是不應該先決定最低的樣本數，因為這樣的話，除非我們能事先確認母體，否則無法（或很難）估計樣本的適當性。沒錯，研究者有一個樣本，但是什麼東西的樣本呢？

例如：我們的研究主題是「臺北市民對於交通的意見」，並在遠東百貨門口向路過的人做調查，這樣我們就能獲得適當的隨機樣本嗎？如果調查時間是上班時間，那麼隨機調查的對象比較不可能有待在家的人（失業、退休的人）。因此在上班時間進行調查的隨機樣本雖是母體的一部分，但不具代表性，不能稱為是適當的隨機樣本。倘若我們研究的主題是「上班時間路過遠東百貨公司者，對於交通的意見」，那麼上述抽樣法就算適當。從這裡我們可以了解：如果我們事前有臺北市民的清單並從中抽取樣本，那麼樣本不僅具有代表性，而且其適當性也易判斷。

了解抽樣

根據Sudman（1976）的研究報告，全美國的財務、醫療、態度調查的樣本數也不過是維持在千人左右。有25%的全國性態度調查，其樣本數僅有500人。

確信相對小的樣本就能具有相當的代表性，也能使我們估計抽樣誤差。

現代統計學技術 **現代機率理論**

現代抽樣技術

抽樣的正確度相當高

即使有誤差存在，誤差的範圍也很容易測知。

樣本與母體

從樣本中計算某屬性的 値 →再據以推算母體的 參數值 範圍。

又稱統計量，例如：樣本的所得平均

parameters，例如：母體的所得平均

 知識補充站

抽樣的優點

抽樣如果設計周密，其正確性是相當高的。此外，在時間及金錢上的節省亦是相當可觀的。針對整個母體做調查所花的時間，自然比針對樣本的時間還長，而時間是一個相當關鍵性的因素。調查（不像觀察或文件研究）至少在理論上是在單一時點進行的，這樣的話，調查對象的意見才可以相互比較。

如果調查的時點與時點的距離很長，那麼調查前期的意見如何與後期做比較？如果調查的是整個母體，那麼要在短時間內完成是相當困難的（除非透過許多訪員的協助），調查的時間一拖長，研究者就不容易知道調查對象的差異究竟因何而起——是因為他們本身的差異呢？還是因為時間所造成的？要在同時間找到如此龐大數目的訪員實非易事，而且又會有濫竽充數之虞。此外，如果訪員的數目過於龐大，在管理上既困難又繁瑣；不如精簡訪員人數，對他們施以有效的管理及監督，以提升調查的品質。

Unit **6-2**
抽樣程序之一

抽樣程序（sampling process）包含七個循序步驟，特分三單元說明之。

一、定義母體

　　針對採購代理商所做的調查，其母體可定義為「過去三年來購買過我們任何產品的所有公司及政府代理商」。針對價格所做的調查，其母體可定義為「2013年10月15日到10月31日在臺北市各超市中所有競爭品牌的價格」。要把母體定義得完整，就必須包括元素、抽樣單位、範圍及時間。在上述採購代理商的例子中，其母體定義如右圖例一。在上述價格調查的例子中，其母體界定如右圖例二。

　　從上述例子，我們可以知道：抽樣的第一步就是決定母體，也就是我們所要研究的對象。研究對象又稱為分析單位（units of analysis），分析單位通常以個人為最多，但有時也包括俱樂部、產業、城市、縣、國家等。分析對象的總和稱為母體，在母體內成為抽樣目標的實體稱為抽樣元素（sampling element）。

二、建立抽樣架構

　　抽樣架構（sampling frame）是包含了所有抽樣單位的集合，例如：電話簿、地圖、城市目錄、受薪名單、某大學學生註冊名單等。如果抽樣元素等於抽樣單位的話，那麼在理論上，抽樣架構就包括了所有在樣本中的個體（人）。研究者在開始抽樣之前，要列出母體中的各個體（或獲得母體中各個體）的名單。

　　用電話簿來抽樣（也就是說，以電話簿做為抽樣架構），經常會將沒有電話的人，或有電話而不願登記的人，遺漏在抽樣架構中。

　　地圖也常被用來做為抽樣架構，研究者可在某城市的地圖上先抽選某些地區，然後再從這些地區中抽取某些家計單位。

三、確認抽樣單位

　　抽樣單位是要從母體元素中抽取以形成樣本的基本單位。例如：我們以「13歲以上男性」做為樣本，就可以直接向他們進行抽樣，在這個例子中，抽樣元素就等於抽樣單位。然而如果我們先抽取家計單位，再就所抽取的家計單位中，抽取13歲以上男性，那麼抽樣單位（家計單位）就與抽樣元素（13歲以上男性）不同。

　　所抽取的抽樣單位是依抽樣架構而定，如果研究者可以獲得完整的、正確的母體元素的名單（例如：採購代理商名錄），他就可以直接進行抽樣；如果他沒有採購代理商名錄，他就必須以公司做為基本的抽樣單位。

　　抽樣單位決定多少，也受限於整個研究專案的設計。如果研究專案所設計的資料蒐集方法是電話訪問法，那麼電話訪問的抽樣單位就是在電話簿上做過登記者。

抽樣程序7步驟

1. 定義母體

以元素（element）、抽樣單位（sampling unit）、範圍（extent）、時間（time）來定義母體。

【例一】採購代理商的母體定義

元　　素：採購代理商
抽樣單位：公司及政府代理商
範　　圍：購買過我們的任何產品
時　　間：過去三年來

【例二】價格調查的母體界定

元　　素：所有競爭品牌的價格
抽樣單位：超級市場
範　　圍：臺北市
時　　間：2011年10月15日到10月31日

2. 建立抽樣架構

決定能夠代表母體的工具，例如：電話簿、地圖或城市目錄。

3. 確認抽樣單位

決定抽樣單位（例如：城市街道、公司、家計單位、個人）。

4. 確認抽樣方法

描述如何抽選樣本單位的方法。

5. 決定樣本大小

決定從母體元素中所形成樣本的數目。

6. 擬定抽樣計畫

說明抽選抽樣單位的作業過程。

7. 選取樣本

說明實地去抽樣的負責單位及工作細節，也就是將抽樣計畫加以落實的過程。

Unit **6-3**
抽樣程序之二

　　抽樣方法是指抽取樣本單位的方法。在決定用什麼抽樣方法前，要考慮以下五種選擇：1.機率或非機率抽樣（probability or nonprobability sampling）；2.單一單位或集群單位（single unit or cluster unit）；3.非分層或分層抽樣（unstratified or stratified sampling）；4.相同的單位機率或不同的單位機率（equal unit probability or unequal unit probability），以及5.單階段或多階段抽樣（single stage or multistage sampling）。

四、確認抽樣方法

　　如果我們確認以機率或非機率抽樣為抽樣方法，就必須對這兩大類抽樣方法多加了解如下：

　　(一)機率抽樣：包括下列簡單隨機抽樣法、系統抽樣法、分層抽樣法及集群抽樣法四種，茲說明之。

　　1.簡單隨機抽樣法：母體中每一個單位被做為樣本單位的機率相同。在隨機抽樣的過程中，已經被抽取的樣本將不再置回（或不再出現在原名單中）。常用的簡單隨機抽樣法有二，即摸彩法與利用亂數表（random number tables）。

　　2.系統抽樣法：例如：母體有8,000人，樣本大小決定為 100 人，則樣本區間為 8,000 / 100 = 80，假定從 1 到 80 之中，我們隨機抽出了 15，則樣本單位的號碼依次為15, 95, 175, 255……，直到樣本數達到 100 人時為止。

　　3.分層抽樣法：先將母體所有基本單位，以某種基礎（例如：所得收入）分成若干相互排斥的組或層，然後再分別從各組或各層中以簡單隨機抽樣法抽取樣本。

　　4.集群抽樣法：在簡單隨機抽樣中，每一個母體元素是個別抽取的，然而我們可以把母體分成若干個群（也就是說由母體元素組成的群），然後再在每一群中進行隨機抽樣，這就是集群抽樣法（cluster sampling）。

　　(二)非機率抽樣法：包括下列便利抽樣法、配額抽樣法、立意抽樣法及判斷抽樣法四種，茲說明之。

　　1.便利抽樣法：顧名思義，便利抽樣法純粹係以便利為基礎的一種抽樣法，樣本的選擇僅考慮到獲得或衡量的便利，譬如說，調查者在水族館前訪問參觀者即是一例。

　　2.配額抽樣法：配額抽樣法是做到「樣本多少具有母體的代表性」。首先將母體分為若干個次群體，然後再以先前決定的配額數（總抽樣數）來決定每個次群體的配額數（樣本數），以使得以各類別的樣本數來看，樣本的組成好像是母體組成的縮影。

機率抽樣的比較

類型	說明	優點	缺點
1.簡單隨機	每個母體元素都有相同的機率被抽選成為樣本。利用亂數表抽取樣本。	施行容易（可利用電話自動撥號）。	需要母體元素的名單；施行時較費時；需要較大的樣本數；會有較大的誤差；較昂貴。
2.系統抽樣	從母體中的抽樣區間內隨機（或不隨機）抽取一個樣本，依抽樣比率（1/k）每隔k抽取一個樣本。	設計方面很簡單；比簡單隨機抽樣更容易使用；容易決定平均數或比率的抽樣分配；比簡單隨機抽樣更便宜。	母體的週期性會扭曲了樣本及結果；如果母體名單有單調的現象，則起始點的位置會扭曲估計值（estimates）。
3.分層抽樣	將母體分成次母體或層，然後再在每一層使用簡單隨機抽樣。	研究者可控制每一層的樣本數；提高統計上的效率；可分析每一層的資料；每一層可使用不同的抽樣方法。	如果每一層的抽樣比例不同，可能會產生更大的誤差；昂貴；每層的抽樣架構不易獲得。
4.集群抽樣	將母體分成內部異質性的次母體，有些次母體是以隨機抽樣的方式抽取次母體。	如果做得精確，會獲得母體母數的不偏估計值（unbiased estimate）；就經濟上的考量，比簡單隨機抽樣更有效率；每個樣本的單位成本較低（尤其是地理區域的集群）；不需要母體名單即可進行。	由於次母體的同質性，減低了統計上的效率（造成了更大的錯誤）。

分層抽樣法與集群抽樣法的比較

分層抽樣法

1. 我們將母體分成若干個層，每個層內具有許多母體元素。

2. 分層的基礎是與我們所要研究的變數息息相關的標準（例如：以年齡分層來研究不同年齡層的家具購買行為）。

3. 我們希望層內的同質性高，層間的異質性高。

集群抽樣法

1. 我們將母體分成許多群，每個群內具有若干個母體元素。

2. 分群的基礎是以資料蒐集的方便性或可獲得性。

3. 我們希望群內的異質性高，群間的同質性高。

Unit **6-4**
抽樣程序之三

在抽樣調查時，發生誤差的原因有三：一是問卷設計者或資料蒐集者的個人偏差；二是受測者的社會預期或心理因素；三是受測者之間在接受觀察或詢問時，是否處於相同的環境。

四、確認抽樣方法（續）

(二)非機率抽樣法（續）：

3.立意抽樣法：指研究者以某種先前設定的標準進行抽樣。在這種情況下，即使研究者知道這些樣本不具有母體的代表性，還是以這些樣本做為研究對象。例如：研究者刻意找某些工程師評估口袋型計算器，以做為產品設計改進的參考。

4.判斷抽樣法：顧名思義是靠研究者的判斷來決定樣本。研究者必須對於母體有相當程度的了解，才能夠發揮判斷抽樣法的功用。判斷抽樣法中，有一種方式是雪球抽樣法（snowball sampling），這種方法是利用非隨機方法來選取原始受訪者，然後再經由原始受訪者的介紹或提供的資訊，去找其他受訪者。雪球抽樣法的主要目的之一，就是方便我們去調查母體中，具有某種特殊特性的人。

五、決定樣本大小

在有限或無限母體之下，我們可用估計母體平均數或比率的方式，來決定樣本的大小。如果我們不用這些機率的方式來決定樣本的大小，也可以用非機率的方式，例如：所能負擔法（all you can afford）、同類型研究的樣本平均數（the average for samples for similar studies）及每格所需樣本數（required size per cell）。當然，我們在決定樣本的大小時，還要考慮到特殊事件、非反應的問題。

六、擬定抽樣計畫

抽樣計畫說明了如何將到目前為止的決策加以落實。如果研究者決定家計單位是抽樣元素，而街道是抽樣單位，那麼「家計單位」的操作性定義如何？如何告訴訪談員在碰到「受訪者家人和其遠親住在同一棟公寓」時，如何分辨家庭及家計單位？如何教導訪問員在一個街道中如何進行系統抽樣？如果所抽取的房屋無人居住，訪談員應如何處理？如果受訪對象不在家，那麼再度訪問的程序是什麼？家計單位中的人，年紀要多大才有資格代表回答問題？

七、選取樣本

抽樣程序的最後一個步驟就是真正的抽取樣本。這些工作需要負責單位及實地工作者的全力支援，尤其是人員訪談更需如此。

機率與非機率抽樣的選擇

研究者在選擇機率與非機率抽樣所依據的是「成本與價值原則」(cost versus value principle)。我們所選擇的抽樣方法就是價值高於成本最大者。
這個原則說起來簡單，但做起來並不容易。真正的困難點在於機率與非機率抽樣價值與成本估算的問題。以下五個問題有助於我們估算相對的價值：

1. 我們需要哪些類型的資訊——平均數、比率或預估的總數。

例如：我們是不是要知道贊成核四建廠的人數比率、贊成評點的平均數，以及預估三年後贊成者的人數？

2. 所能容忍的誤差多少？

所從事的這個研究，是否需要非常正確的估計母數（母體中某屬性的值）。

3. 非抽樣誤差可能有多大？

母體界定、抽樣架構、選擇、非反應、代理資訊（surrogate information）、衡量及實驗的誤差可能有多大？

代理情況是指由於實驗情況的人工化，以及（或者）實驗者的行為，造成對依變數的影響。例如：在測試價格變化對銷售量影響的市場試銷測試中，我們假設競爭者不知道這個測試，或者知道了這個測試但不會採取大量的促銷活動，以「混淆」這個測試。但是我們這個假設的競爭者反應情況可能與真實情況不符，這就是所謂的代理情況。

4. 就我們所要衡量的變數而言，母體的均質性如何？

這個變數在抽樣單位的變異程度如何？

5. 抽樣錯誤（或樣本提供的資訊不實）所造成的代價有多高？

一般而言，如果需要預估總數、錯誤的容忍度低、母體的異質性高、非抽樣誤差低，以及抽樣誤差的代價高，則以機率抽樣法為佳。

分層抽樣法3優點

1. 處理上比較簡單

例如：如果我們的調查對象是銀行的客戶，我們可就定期存款、活期存款、抵押貸款的客戶這三層分別抽樣，這樣比不分層還簡單。

2. 我們可以了解每一層某屬性（例如：所得）的平均值、比率等資料

3. 設計良好的分層抽樣所需的樣本數比不分層還少

因為在同一層內的樣本，其屬性較為接近，只抽幾個就會比較具有代表性。

Unit 6-5
樣本大小的決定

在抽樣時，我們必須決定要從母體中抽取多少樣本，才能夠達成我們的研究目標。

一、決定樣本大小的基本概念

一般人誤以為樣本應愈大愈好，因此以為20,000人所組成的樣本會比2,000人來得好。1936年，《文學文摘》（*Literary Digest Fiasco*）的慘痛經驗告訴我們：樣本寧可短小精悍（具有母體的代表性），而不要大而無當。

以非機率抽樣的方式所得到的樣本，並不能讓我們計算抽樣誤差，並做統計推定，因此本文所討論的重點並不在於非機率抽樣這方面，而是在利用簡單隨機抽樣中所獲得的樣本，因為這樣的話，我們可以基於樣本的資料來推定母體的母數，並且利用統計方法來估計可能的誤差（也就是樣本統計量與母體母數的差距）。

二、基本的統計概念

在這一節，我們要複習一下幾個與樣本大小的決定息息相關的統計概念。這些統計概念包括樣本平均數（sample mean）、樣本比率（sample proportion）、樣本標準差（standard deviation of a sample）及常態分配（normal distribution），茲說明如下：

(一)樣本平均數：有時稱為算術平均數（arithmetic mean）或算術平均（arithmetic average），就是所觀察的樣本值總數除以樣本數。例如：四個商店銷售額的樣本平均數如右圖所示。樣本平均數（$\overline{X}$）是母體平均數（μ）的估計值（estimate），這些母體母數包括了所得、年齡、購買量、銷售量等，而我們是根據這些變數中的某一個來進行抽樣的。

(二)樣本比率：樣本比率是指具有某種特性（例如：擁有花旗信用卡）占樣本總數的比率。例如：我們向100個樣本做調查，其中有60人擁有花旗信用卡，那麼樣本比率是（p）0.60，這個比率將用來做為我們推定母體比率（π）的推定值。

(三)樣本標準差：樣本標準差就是樣本數據的變化程度（variability）。我們將用這個數據來推定母體的標準差（σ）。計算一組樣本數據之變異數的公式及釋例如右圖所示。

(四)常態分配：常態分配是一個標準化的鐘型機率曲線（bell-shaped probability curve），在此曲線下所涵蓋的面積，表示觀察值在此範圍內所發生的機率。常態分配的中心點就是平均值，與中心點的距離是以「有幾個標準差」來表示，說明如右圖。

攸關樣本大小決定的4個統計概念

1. 樣本平均數

例如：四個商店銷售額的銷售額如下，則樣本平均數是 8.4百萬 / 4 = 2.1百萬。

商店甲	1.5百萬
商店乙	2.2百萬
商店丙	1.8百萬
商店丁	2.9百萬
總　和	8.4百萬

2. 樣本比率

例如：我們向100個樣本做調查，其中有60人擁有花旗信用卡，那麼樣本比率是0.60。

3. 樣本標準差

計算一組樣本數據之標準差的公式如下：

$$s = \sqrt{\frac{\sum(X - \overline{X})^2}{n-1}}$$

其中：X = 個別的觀察值或衡量值；$\overline{X}$＝樣本平均數；n＝樣本大小

【假設】大海商店10天來的銷售額如下：

第幾天	銷售額	第幾天	銷售額
1	$130	7	$145
2	$250	8	$110
3	$319	9	$215
4	$256	10	$405
5	$435	總和	$2,516
6	$251		

則樣本平均數（$\overline{X}$）是這樣的：

$$\overline{X} = \frac{\$2,516}{10} = \$251.6$$

標準差的計算是這樣的：

$$s = \sqrt{\frac{\sum(X-\overline{X})^2}{n-1}} = \sqrt{\frac{(130-251.60)^2 + (250-251.60)^2 + \cdots + (405-251.60)^2}{10-1}} = \$110.1$$

4. 常態分配

下面說明表示在常態分配下，平均數加減1、2、3個標準差所涵蓋的面積。Z表示標準差的數目。在統計抽樣方面，具有參考性的Z值如下：

從Z = -1 到Z = +1，區間面積= 0.6826　　　從Z = -2 到Z = +2，區間面積= 0.9544
從Z = -1.96 到Z = +1.96，區間面積= 0.95　　從Z = -3 到Z = +3，區間面積= 0.9974

95%的區間是我們常用來決定樣本大小的範圍。明確的說，涵蓋95% 之信賴區間（confidence interval）的Z值是從 Z=-1.96 到 Z=+1.96。

Unit 6-6
平均數、比率的樣本統計量分配

如果我們從同樣的母體中，簡單隨機抽取若干個樣本，計算其樣本統計量（例如：年齡）的平均數或比率，然後再簡單隨機抽取第二組樣本（樣本數相同），再計算其樣本統計量的平均數或比率。如果我們計算各組的樣本統計量的平均數，會發現樣本統計量的估計值會趨近於母體母數。譬如說，從同樣的母體中，分別抽取15組不同的樣本，分別計算其平均數或比率，得到15個不同的平均數或比率。樣本數愈大，則樣本統計量的平均數愈會散布在真實的母體母數之周圍。

一、平均數的抽樣分配

平均數的抽樣分配（sampling distribution）就是在母體平均數、變異程度及樣本大小不變的情況下，各組樣本的平均值的可能分配。對大樣本（$n \geq 30$）而言，平均數的抽樣分配呈常態分配的狀態，並可以下列公式表示：

$$E(\overline{X}) = \mu \text{，以及 } \sigma_{\bar{x}} = \frac{\sigma}{\sqrt{n}}$$

其中：

$E(\overline{X})$＝樣本平均數的平均數　　μ＝母體平均數　　n＝樣本大小
σ＝母體母數的標準差　　　　$\sigma_{\bar{x}}$＝樣本平均數的標準差或標準誤

當用在樣本平均數時，我們要用標準誤（standard error），而不是標準差（standard deviation）。茲舉例說明如右圖。

二、比率的抽樣分配

比率的抽樣分配與樣本平均數的抽樣分配之基本理念是相同的，也就是說，樣本數愈大，則樣本比率（樣本中具有某種特性的比率）愈趨近於真正的母體比率。從母體中隨機抽樣的比率，其抽樣分配會呈常態分配，其可以下列公式表示：

$$E(p) = \pi \text{，以及 } \sigma_p = \sqrt{\frac{\pi(1-\pi)}{n}}$$

其中：

p＝樣本比率　　π＝母體比率　　n＝樣本大小　　σ_p＝樣本比率的標準誤

為方便讀者了解，茲以母體中有40%的人贊成全民健保為例，說明如右圖。

平均數、比率的樣本統計量分配

平均數的抽樣分配

例如：假設母體的平均所得是$15,000，標準差是$4,000，如下圖（a）所示。如果我們要從母體中抽取100個樣本，則抽樣分配的平均數及標準誤如下，如下圖（b）所示。

樣本平均數的抽樣分配

樣本數愈大，樣本平均數的標準誤愈小

(a)

母體
（分配情況可能是任何一種形狀）

平均數＝$15,000　　標準差＝$4,000

(b)

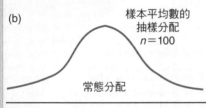

樣本平均數的抽樣分配
$n=100$

常態分配

平均數＝$15,000　　標準差＝$400

(c)

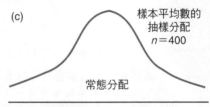

樣本平均數的抽樣分配
$n=400$

常態分配

平均數＝$15,000　　標準差＝$200

換句話說，如果我們重複的從母體中抽取若干組樣本（每組100個樣本），則樣本平均數的平均值是$15,000，樣本平均數的估計標準誤是$400。

如果我們從母體中取樣的數目較大（例如：$n=400$），則我們所得到的抽樣分配將會有同樣的期望值（$15,000），但是變異的程度較小，也就是說，樣本平均數的標準誤是 $\dfrac{\$4,000}{\sqrt{400}}=\$200$。在這種情況之下，樣本平均數將會圍繞在母體母數的四周，如上圖（c）所示。

根據先前的說明，95% 的樣本平均數會落在母體平均數的1.96個標準誤範圍內。換句話說，任何樣本數為400的樣本，其平均數落在 1.96（$200）=$392（也就是從$14,608到 $15,392）範圍內的機率是95%。

比率的抽樣分配

例如：假設母體中有40% 的人贊成全民健保，我們從母體中抽取若干組樣本（每組有100個樣本），則其抽樣分配是這樣的：

$$E(p)=\pi = 0.4$$

$$\sigma_p = \sqrt{\frac{0.4(1-0.4)}{100}} = 0.049$$

同樣的，我們可以了解，樣本數的增加會減少抽樣分配的變異程度。如果我們所取樣的數目是100，則樣本比率落在0.304〔$=0.40-1.96$（0.049）〕及 0.496〔$=0.40+1.96$（0.049）〕的機率是95%。

Unit **6-7**
信賴區間之一

圖解研究方法

　　信賴區間（confidence interval）是統計上的術語，它表示我們認為對真實的母體母數值之估計有多接近的程度。

　　雖然信賴區間這個術語較少出現在報章雜誌上的調查報告中（例如：蓋洛普民意測驗報告），但是他們所使用的字眼是「可能誤差」（likely error）。如果完全以統計的術語來說明信賴區間，可能是這樣的：「根據對1,500位受測者的調查，我們能95%的確信，認為有飛碟的人的比率從0.28到0.32。」

一、平均數的區間：大樣本

　　我們可用以下三種方法來估計在大樣本（樣本數大於30）下的母體平均數的區間：

　　1.用樣本平均數做為區間的中點。

　　2.決定母體平均數真正會落在該區間的信賴度，同時選擇適當的 Z 值：

> 90% 的信賴區間，$Z=1.645$
>
> 95% 的信賴區間，$Z=1.96$
>
> 95.45% 的信賴區間，$Z=2$
>
> 99% 的信賴區間，$Z=2.58$
>
> 99.74% 的信賴區間，$Z=3$

　　如果我們要用其他的信賴區間，可以查常態分配表，去找符合某信賴區間的Z值。例如：如果我們要99.4%確信母體平均數會落在此區間，適當的Z值是2.75。

　　3.將相關值帶入下列公式，求得區間值，並以向1,000人進行調查每日平均娛樂費為例，說明如右圖。

> $$信賴區間 = \bar{X} + Z\frac{s}{\sqrt{n}}$$
>
> 其中：
>
> $\bar{X}=$ 樣本平均數　　　$Z=$ 對應於某區間水準的Z值
>
> $s=$ 樣本的標準差　　　$n=$ 樣本數

二、平均數的區間：小樣本

　　我們可用下列三種方法來估計在小樣本（樣本數小於30）下的母體平均數的區間，一是用樣本平均數做為區間的中點。二是決定母體平均數真正會落在該區間的信賴度，然而由於是小樣本，我們要用「學生t分配」。三是將相關值帶入公式，求得區間值。但因篇幅有限，特在下單元詳細說明。

信賴區間

什麼是信賴區間？

信賴區間是表示我們認為對真實的母體母數值之估計有多接近的程度。

如何表示信賴區間？

根據對1,500 位受測者的調查，我們能95%的確信，認為有飛碟的人的比率從0.28 到0.32。

平均數的區間——大樣本

假設我們向1,000人進行調查，發現他們（樣本）每日平均的娛樂費是 $8.37，而樣本的「每日娛樂費」的變異數是$5.25。如果所希望的信賴度95%，我們可以下列公式計算出信賴區間：

$$信賴區間 = 8.37 + 1.96 \frac{5.25}{\sqrt{1,000}} = 8.37 \pm 0.33$$

其中：

8.37 ＝ 樣本平均數　　　　**1.96** ＝ 對應於某區間水準的Z值

5.25 ＝ 樣本的標準差　　　**1,000** ＝ 樣本數

因此，我們得到的信賴區間是從 $8.04 到 $8.70。準此，我們可以95% 的確信母體每日的平均娛樂費會從 $8.04 到 $8.70。

 知 識 補 充 站

常態分配曲線下的面積估計值

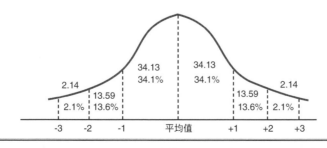

Unit **6-8**
信賴區間之二

前文提到可用三種方法估計樣本數小於30的母體平均數的區間，現說明之。

二、平均數的區間：小樣本（續）

1.用樣本平均數做為區間的中點。

2.決定母體平均數真正會落在該區間的信賴度，然而由於是小樣本，我們要用「學生t分配」（student t distribution），而不是常態分配。適當的t值將隨著樣本數的不同而定。首先，我們要計算出自由度（degree of freedom, df），然後我們要將所希望的信賴程度從1中扣除，以算出所剩下的雙尾面積（total tail area）。換句話說，如果我們要95%的信賴程度，我們要在t分配表中找0.05的對應部分。例如：在95%的信賴水準之下，樣本數為20的t值是2.093。

3.將相關值帶入下列公式，求得區間值，並以向15個家庭進行調查每月平均娛樂費為例，說明如右圖。其中：

$$信賴區間 = \bar{X} + Z \frac{s}{\sqrt{n}}$$

三、比率的區間

我們可用以下三種方法來估計母體比率的區間：

1.用樣本比率做為區間的中點。

2.決定母體比率真正會落在該區間的信賴度，同時選擇適當的Z值：

> 90% 的信賴區間，$Z = 1.645$
> 95% 的信賴區間，$Z = 1.96$
> 95.45% 的信賴區間，$Z = 2$
> 99% 的信賴區間，$Z = 2.58$
> 99.74% 的信賴區間，$Z = 3$

如果我們要用其他的信賴區間，可以查常態分配表，去找符合某信賴區間的Z值。例如：如果我們要99.4%確信母體比率會落在此區間，適當的Z值是2.75。

3.將相關值帶入下列公式，求得區間值，並以隨機觀察駕車路過的駕駛員進行調查有繫上安全帶者及一般雜誌社所做的調查樣本數為例，說明如右圖。

$$信賴區間 = P \pm Z \sqrt{\frac{P(1-P)}{n}}$$

其中：

P＝樣本比率　Z＝對應於某區間水準的Z值　n＝樣本大小

信賴區間

平均數的區間——小樣本

假設我們向15個家庭進行調查，發現他們（樣本）每月平均的娛樂費是\$25，而樣本的「每月娛樂費」的變異數是 \$7.65。如果所希望的信賴度90%（母體平均數會落在此區間的可能性有90%），我們去查t分配表，df=15-1=14，找到0.10(1-0.9)那一欄，發現t=1.761，我們可以下列公式計算出信賴區間：

$$信賴區間 = 25.00 \pm 1.761\frac{7.65}{\sqrt{15}} = 25.00 \pm 3.48$$

因此，我們得到的信賴區間是從 \$21.52 到 \$28.48。準此，我們可以90%的確信母體每月的平均娛樂費會從 \$21.52 到 \$28.48。

比率的區間

【例一】假設我們在五股交流道某定點隨機觀察駕車路過的100位駕駛員，發現他們（樣本）有60% 的人有繫上安全帶。如果所希望的信賴度95%，我們可以下列公式計算出信賴區間：

$$信賴區間 = 0.60 \pm 1.96\sqrt{\frac{0.6(1-0.6)}{100}} = 0.60 \pm 0.09$$

其中：

0.60＝樣本比率

1.96＝對應於某區間水準的 Z 值

100＝樣本大小

因此，我們得到的信賴區間是從0.504 到0.696。準此，我們可以95% 的確信母體比率（繫上安全帶的人占母體的比率）會從0.504 到0.696。

【例二】一般雜誌社、報社所做的調查樣本數約在1,000人到1,500人之間，視調查者所需要的正確度而定。例如：假設樣本數是1,050，樣本比率是0.51，則在95%的信賴水準之下，誤差值是0.03（3%），也就是：

$$信賴區間 = 1.96\sqrt{\frac{0.51(1-0.51)}{1,050}} = 0.03$$

Unit 6-9
決定樣本大小的公式與應用

在決定樣本大小時，必須先決定信賴區間大小。由於最大可能誤差（maximum likely error, E）是信賴區間的一半，因此信賴區間是決定樣本大小的基礎。

一、以估計「母體平均數」來決定樣本大小

當我們以估計母體平均數來決定樣本大小時，即使我們現在還不知道樣本數有多少，我們還是可以建立母體平均數的信賴水準。首先，我們以下列兩種不同角度來決定某信賴區間下的抽樣誤差（sampling error），一是 E，也就是我們願意接受的最大誤差。二是 Z 乘以樣本平均數的標準誤。由於這兩個數值在曲線的尺度上代表著相同的距離，我們就可以設定它們為相等，並解 n 值如下，同時應用在研究某特定人口每年的娛樂支出為例，說明如右圖。

$$E = Z\frac{\sigma}{\sqrt{n}} \quad \text{或} \quad E^2 = \frac{Z^2\sigma^2}{n} \ ; \text{因此：} n = \frac{Z^2\sigma^2}{E^2}$$

在決定樣本的大小方面，最困難的部分莫過於估計母體的標準差。畢竟，如果我們對於母體能充分了解的話，就沒有必要對其母數進行任何有關的研究。如果我們不能藉著參考過去的研究，來估計母體的標準差的話，我們還可以靠自己的判斷，或者以小樣本進行探索式的研究。

我們也可以從相對容許誤差（relative allowable error），而不是絕對誤差，來決定樣本的大小。在這種情形之下，標準差（σ）及容許誤差（E）是以「對真實的母體平均數的比例」來表示。其公式如下，其中μ代表母體的平均數，至於此數字是多少並無關緊要，因為在分子、分母中會互相抵銷。茲以了解大海大學企管所的畢業生每年平均收入是多少，說明如右圖。

$$n = \frac{Z^2(\sigma \text{ 占母體平均數的\%})^2}{(E \text{ 占母體平均數的\%})^2} = \frac{Z^2\left(\dfrac{\sigma}{\mu}\times100\right)^2}{\left(\dfrac{E}{\mu}\times100\right)^2}$$

二、以估計「母體比率」來決定樣本大小

當我們以估計母體比率來決定樣本大小時，即使我們現在還不知道樣本數有多少，我們還是可以建立母體比率的信賴水準。首先，我們以下列兩種不同角度來決定某信賴區間下的抽樣誤差，一是 E，也就是我們願意接受的最大誤差。二是 Z 乘以樣本比率數的標準誤。由於這兩個數值在曲線的尺度上代表著相同的距離，我們就可以設定它們為相等，並解 n 值如下，同時將其應用說明如右圖及下單元知識補充站。

$$E = Z\sqrt{\frac{\pi(1-\pi)}{\sqrt{n}}} \quad \text{或} \quad E^2 = \frac{Z^2(\pi)^2(1-\pi)^2}{n} \ ; \text{因此：} n = \frac{Z^2(\pi)^2(1-\pi)^2}{E^2}$$

決定樣本大小的公式與應用

以估計「母體平均數」來決定樣本大小

【應用一】值得提醒的是：在95%的信賴區間之下，Z=1.96；在99%的信賴區間之下，Z=2.58。

假如我們要研究某特定人口每年的娛樂支出；而且我們根據過去的研究估計，母體的標準差為 $300，此外，我們要95%的確信我們的樣本平均數會落在母體平均數的 $50之內。在這種情況下，Z=1.96，σ=$300，E=$50。根據左文公式，我們可以算出所需樣本的大小：

$$n = \frac{(1.96)^2(300)^2}{(50)^2} = 139 \text{（個樣本）}$$

【應用二】例如我們要了解大海大學企管所的畢業生每年的平均收入是多少。同時經過我們大略估計發現：母體的標準差大約是母體平均數的40%，如果我們要95%的確信樣本平均數會落在母體平均數的10%範圍內，代入左文公式所得到的樣本大小如下：

$$n = \frac{(1.96)^2(40)^2}{(10)^2} = 62 \text{（個樣本）}$$

以估計「母體比率數」來決定樣本大小

【應用一】值得注意的是：如果無法估計出母體中含有某些特性的比率值，可用比較保守的來估計。在運用此公式時，我們要看看是否能夠約略的估計母體比率值，在左文公式中，樣本的大小是隨著π（1-π）而變化，當π=0.5時，此乘積最大，如下表所示：

π	(1-π)	π（1-π）
0.5	0.5	0.25
0.4	0.6	0.24
0.3	0.7	0.21
0.2	0.8	0.16
0.1	0.9	0.09

從這裡我們可以看出來，當π很小或很大時，π（1-π）會變得很小。因此如果我們能夠有信心的減少π值的話，就可以利用小樣本，這樣的話，我們可以節省一筆費用。

【應用二】假設我們要決定本國人口中相信幽浮的人之比率，同時我們有95%的確信樣本比率會落在母體比率的3個百分點範圍內。首先我們要決定真正的比率是 >0.5，還是 <0.5，由於我們不了解大眾對於幽浮的看法如何，所以我們用比較保守的p=0.5來估計，代入左文公式：

$$n = \frac{(1.96)^2(0.5)(0.5)}{(0.03)^2}$$

Unit 6-10
有限母體之下的樣本大小決定之一

　　到目前為止，我們均假設：與母體比較，我們所抽取的樣本是相對小的。不論母體數有50,000、200,000或280,000，我們的樣本數總是一樣的。

　　然而，有些時候樣本占母體的比率很大，在這種情況下，我們必須稍加改變樣本決定的程序。如果我們從1,000人抽取900人，那麼我們對於母體的平均數或比率，必然會有相當程度的了解。換句話說，當樣本數 n 趨近於母體數 N 時，抽樣誤差會變小；如果 $n=N$，那我們就是在做普查了。

一、以估計「母體平均數」來決定樣本大小

　　在有限母體下，以估計母體平均數來決定樣本大小時，其公式如下：

$$n = \frac{\sigma^2}{\dfrac{E^2}{Z^2} + \dfrac{\sigma^2}{N}}$$

　　N 是母體的大小，其他的符號如前。假設在前述娛樂支出的例子中，如果母體有2,000人時之樣本數如右圖所示。

二、以估計「母體比率」來決定樣本大小

　　在有限母體之下，以估計母體比率來決定樣本大小時，所使用的公式如下：

$$n = \frac{\pi(1-\pi)}{\dfrac{E^2}{Z^2} + \dfrac{\pi(1-\pi)}{N}}$$

　　N 是母體大小，其他的符號如前。例如：在前述「相信幽浮」的例子中，假設母體只有2,000人，我們可代入公式求得 n，如右圖所示。

三、分層抽樣法的樣本大小決定

　　到目前為止，我們所討論的都是以「從母體中簡單隨機抽取樣本」為基礎，來說明如何決定樣本的大小。如果我們採用的是分層抽樣法，我們就必須決定每一層的樣本數。每層樣本數的決定，隨著分層抽樣是否為比例式或非比例式而定。採取非比例式分層抽樣的理由，是因為有些層的變異程度比較小的緣故。由於內容豐富，比例式與非比例式抽樣方法在下單元說明之。

有限母體之下的樣本大小決定

以估計「母體平均數」來決定樣本大小

假設在前述娛樂支出的例子中，如果母體有2,000人，代入左文公式：

$$n = \frac{(300)^2}{\frac{(50)^2}{(1.96)^2} + \frac{(300)^2}{2,000}} = 130$$

我們發現，當母體數從「非常大」到「2,000人」時，我們的樣本數減少得非常有限，即從139人減少到130人。同時，在同樣的信賴水準及正確率的要求下，如果母體有200人，我們只要抽取82人就可以了。

以估計「母體比率」來決定樣本大小

例如：在前述「相信幽浮」的例子中，假設母體只有2,000人，我們可代入左文公式求得n：

$$n = \frac{0.5(1-0.5)}{\frac{(0.03)^2}{(1.96)^2} + \frac{0.5(1-0.5)}{2,000}} = 696$$

我們發現，當母體數從「非常大」到「2,000人」時，我們的樣本數從1,068人減少到696人。同時，在同樣的信賴水準及正確率的要求下，如果母體有500人，我們只要抽取341人就可以了。

知識補充站

各種π值及Z值下的樣本數

由下表95%的信賴水準之最大容許誤差（E）及不同母體比率（π）下的樣本數，我們可以得知，如果我們可以壓低母體比率，則樣本數就會變小。

	母體比率	π								
Z		0.1	0.2	0.3	0.4	0.5	0.6	0.7	0.8	0.9
95%信賴水準下的最大容許誤差	0.01	3,457	6,147	8,067	9,220	9,604	9,220	8,067	6,147	3,457
	0.02	865	1,537	2,017	2,305	2,401	2,305	2,017	1,537	865
	0.03	335	683	897	1,025	1,068	1,025	897	683	335
	0.04	217	385	505	577	601	577	505	385	217
	0.05	139	246	323	369	385	369	323	246	139
	0.10	35	62	81	93	97	93	81	62	35

Unit **6-11**
有限母體之下的樣本大小決定之二

圖解研究方法

　　分層抽樣法的每層樣本數的決定，隨著分層抽樣是否為比例式或非比例式而定。

三、分層抽樣法的樣本大小決定（續）

　　(一)比例式分層抽樣：在比例式分層抽樣中，如果在母體中有一層占母體的比例是x%，則該層所擁有的樣本數與總樣本數的比例也是x%。例如：母體有10,000個單位，總樣本數決定為1,000個單位，則樣本比例為：

$$\frac{樣本大小}{母體大小}=\frac{1,000}{10,000}=10\%$$

　　若將母體分為四層，各層所含的單位數如下表左邊的部分所示，則樣本亦須按10% 比例抽樣，各層的樣本數分別為200、100、200、500。

母體		樣本
層	各層單位數	
1	$n_1=2,000$	200
2	$n_2=1,000$	100
3	$n_3=2,000$	200
4	$n_4=5,000$	500

　　比例式分層抽樣法在計算上相當簡單。如果調查的目的在於估計母體的平均數，而各層所含的單位數是唯一可獲得的資料，則比例式分層抽樣法是一個很好的方法。

　　(二)非比例式分層抽樣：在非比例式分層抽樣中，我們可以依照下列公式將總樣本數做最適分配（optimal allocation），以使抽樣誤差減到最低。故非比例式分層抽樣法又稱為最適分配法。其公式如下：

$$n_i=\frac{nn_i\sigma_i}{\sum n_i\sigma_i}$$

其中：

$n=$總樣本數　$n_i=i$ 層的樣本數　$\sigma_i=i$ 層的標準差

　　為方便讀者了解，茲以研究在某城市的家計單位，每年平均花在家庭維修的費用有多少為例，說明如右圖。

分層抽樣法的樣本大小決定

分層抽樣法的2大種類

1. 比例式分層抽樣

如果在母體中有一層占母體的比例是x%，則該層所擁有的
樣本數與總樣本數的比例也是x%。

2. 非比例式分層抽樣

假如我們想研究在某城市的家計單位，每年平均花在家庭維修的
費用有多少。我們將母體分為三層，每層人數及其變異數如下：

	每層的家計數	家庭維修費的標準差
甲層	5,000	$20
乙層	3,000	$50
丙層	2,000	$80
總和	10,000	

假設我們要從10,000人的母體中抽取200人進行
調查，則代入左文公式後，每層的樣本數如下：

$$甲層樣本數 = \frac{200(5,000)(20)}{(5,000 \times 20) + (3,000 \times 50) + (2,000 \times 80)} = 49$$

$$乙層樣本數 = \frac{200(3,000)(50)}{(5,000 \times 20) + (3,000 \times 50) + (2,000 \times 80)} = 73$$

$$丙層樣本數 = \frac{200(2,000)(80)}{(5,000 \times 20) + (3,000 \times 50) + (2,000 \times 80)} = 78$$

113

值得注意的是：甲層雖然占了母體的50%，但其樣本數卻占總樣本數
的25%（49/200）。這是因為甲層的標準差比較小，故不需要比較大
的樣本來估計其平均數之故。相反的，丙層占母體20%，但其樣本數
卻占了總樣本數的39%（78/200），這是因為它的標準差比較大（比
其他層相對大）的緣故。

Unit **6-12**
非機率抽樣的樣本大小決定

以下我們將介紹所能負擔法（all you can afford）、同類型研究的樣本平均數（the average for samples for similar studies）、每格所需樣本數（required size per cell）這三種方式。

一、所能負擔法

利用「所能負擔」來決定樣本的大小時，我們所考慮的因素是研究專案的預算與調查活動的成本（如郵資、電話費用、實地調查費等）兩種。

二、同類型研究的樣本平均數

我們將數百個研究所使用的樣本大小彙總如右表（Sudman, 1976）。根據所要研究的次群體的不同，全國性研究的個人、家計單位的樣本數從1,000到2,500不等；地區性的研究樣本數從200到1,000不等：若是針對機構所做的研究，所需樣本數較少，因為大多數的抽樣均用分層抽樣法，而且每層的變異程度不高所致。

三、每格所需樣本數

在簡單隨機、分層抽樣、立意抽樣或配額抽樣中，在決定總樣本數時，規定每一格（次群體）的最小樣本數。例如：在針對地區性對連鎖商店的態度調查中，研究者認為可從兩個職業別（藍領與白領）來蒐集資料，而針對每一個職業別又可分為四個年齡層的次群體（年齡層是24歲以下、 25～34歲、35～44歲、45歲以上），因此總共有 2×4=8 個格子（次群體）。如果每個格子需要30個樣本，則總共需要240個樣本。如右表所示，格子數（次群體數）愈多，樣本數要愈大。

四、結論：特殊事件及非反應下的樣本數

以上所討論的樣本數決定的方法都忽略了特殊事件（incidence）及非反應（nonresponse）的問題。特殊事件是指某些人由於具有某種特性，因此特別容易被抽取做為樣本的比例。這些特性包括某產品類別的使用者、女性、國民黨籍等。非反應是指拒絕參與調查或接觸不到的個人的比例。

我們先前所介紹的抽樣方式均假設母體中都是合格的受測對象，而且有100%的反應率（如問卷回收率），但是事實上卻不然。假設我們要以郵寄問卷調查擁有水族箱的家計單位，利用先前所介紹的公式，我們決定樣本數為200。然而，如果我們做一下文獻探討，發現在先前的研究中，在所有的家計單位只有8% 有水族箱，而且根據經驗，只有75% 的回收率。在這種情況之下，我們要寄出多少問卷？最簡單的方式，就是利用右圖公式，以得到更正確的合格樣本數。

非機率抽樣的樣本大小決定

1. 所能負擔法

考慮的因素是研究專案的預算、調查活動的成本。

2. 同類型研究的樣本平均數

對個人、家計單位及機構所做研究的樣本數。

次群體分析的數目	個人或家計單位		機構	
	全國性	地區性	全國性	地區性
沒有或極少	1,000~1,500	200~500	200~500	50~200
一般	1,500~2,500	500~1,000	500~1,000	200~1,000
很多	2,500+	1,000+	1,000+	1,000+

3. 每格所需樣本數

如上表所示，格子數（次群體數）愈多，樣本數要愈大。

特殊事件及非反應下的樣本數

最初的樣本數（郵寄問卷數）＝所需樣本數／（特殊事件 x 反應率）
＝200／（0.08 x 0.75）
＝3,333（份問卷）

然而，這表示要獲得200個（或以上）的合格樣本的機率只有一半。在某信賴水準之下，要獲得所需樣本數的最初樣本數（在這個例子是寄發的問卷數），其公式如下：

$$IS = \frac{2X + Z(ZQ) + \sqrt{(ZQ)^2 + 4XQ}}{2P}$$

其中：

IS＝最初樣本數
X＝所需樣本數-0.5=199.5
P＝特殊事件（百分比）x 估計的反應率＝0.08 x 0.75＝0.06
Q＝1-P＝1-0.06＝0.94
C＝以最初樣本數所產生的所需樣本數的信賴水準（如90%）
Z＝在標準常態分配下，超過100（C）% 的值＝1.282（查常態表）

因此，以上例而言，ZQ＝（1.282）（0.94）＝1.205

$$IS = \frac{2(199.5) + 1.282(1.205) + \sqrt{(1.205)^2 + 4(199.5)(0.94)}}{2(0.06)} = 3,631$$

因此，在100次中有90次的機率，3,631份問卷（最初樣本數）會得到200個以上的合格樣本。最初樣本數只不過增加了298（3,631-3,333）或9%（298/3,333），就使得正確率提高了40%（90%-50%）。

第 三 篇

資料蒐集與
分析方法

第 **7** 章

次級資料

章節體系架構 ▼

Unit **7-1**
次級資料的優缺點

每一個研究均需要針對一個特定的研究主題來蒐集資料。如果相關資料的來源非常可靠的話，我們的研究分析及結論必然具有相當的可信度。所以我們對於次級資料的來源及如何選擇次級資料，必須有相當程度的了解。

我們可將資料分成初級資料（primary data）及次級資料（secondary data）兩種。初級資料是我們為了解決自己的研究問題而從原始來源（如消費者）所蒐集的資料。例如：我們為了解決公司內生產問題而蒐集的有關成本資料。次級資料是別人為了解決他們自己的研究問題、達成他們的研究目的所產生的資料。

從原始來源來獲得所需的資料，可使得研究者明確的蒐集他所想要的資料。他可以依據他的研究需要，將研究變數做操作性定義，再依照這個定義去蒐集他所想要的資料。這樣的話，可以剔除（或者至少可以操弄、記錄）外在因素對於資料的影響。

次級資料提供了豐富的參考資料，這些資料包括了全國人口分布、所得平均、政府公債的投資報酬率等。這些資料可能促使我們產生研究動機，或者成為我們做比較研究的對象。例如：內政部編印的《臺閩地區人口統計》、《臺灣人口統計季刊》等，提供了有關人口成長率、出生率、死亡率、人口總數、人口密度、年齡結構、性別結構等重要資料，研究者從中可以了解相對市場的大小，以擬定有效的目標市場策略及行銷組合策略（產品策略、價格策略、促銷策略、配銷策略）。譬如說，如果資料顯示臺灣老年人、嬰兒的比率有逐年增加的趨勢，這個值得企業考慮的潛在目標市場，會促使研究者針對這些年齡層的人做深入的消費行為研究。

一、次級資料的優點

相對於初級資料而言，次級資料的獲得比較快也比較便宜。如果在資料的蒐集上花大量的金錢及時間，是相當不切實際的。我們不可能不計代價的自己去產生普查報告或產業統計資料。在受到實體上（如地理上）、法律上的限制而不能蒐集初級資料時，我們就必須仰賴次級資料。

二、次級資料的缺點

所蒐集的次級資料可能無法完全符合研究者的需要，因為這些資料是由其他的研究者為了他們自己的研究需要所產生的，在變數的操作性定義、變數的衡量單位上都不盡相同。同時，我們也無法判斷其研究的正確性，因為我們對其研究設計、研究條件所知甚少（或根本無從知悉）。而且次級資料通常是過時的，尤其在企業環境詭譎多變的今日，過去的研究之參考價值會比較有限。

資料的分類

1. 初級資料

這是我們為了解決自己的研究問題而從原始來源所蒐集的資料。

2. 次級資料

這是別人為了解決他們自己的研究問題、達成他們的研究目的所產生的資料。

蒐集次級資料的目的

在企業研究上,蒐集次級資料的目的有三:

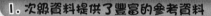

1. 次級資料提供了豐富的參考資料

包括全國的人口分布、所得平均、政府公債的投資報酬率等資料,可能促使我們產生研究動機或成為我們做比較研究的對象。

2. 次級資料可使我們了解前人所做過的研究

讓我們了解所擬進行的研究應從何處出發,以及讓我們判斷是否值得進一步的深入探討。

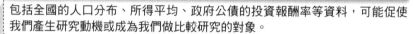

3. 次級資料本身就是可研究的基礎

我們可從有關的次級資料中,彙總做成研究結論,這種分析稱為統合分析(meta analysis)。

121

次級資料的優缺點

優點 ➤ 次級資料的獲得比較快也比較便宜。

缺點 ➤ 所蒐集的次級資料可能無法完全符合研究者的需要。

Unit **7-2**
次級資料的類型與電腦化資料查詢之一

次級資料可分為內部資料（企業內部資料）及外部資料兩種，以下說明之。

一、內部資料

內部資料包括組織內部的生產、銷售、人力資源、研究發展、財務的管理資訊系統、部門報告、生產彙總報告、財務分析報表、行銷研究報告等。

二、外部資料

企業外部資料的總類相當多。要檢索這些資料也有一定的規則可循。主要的外部資料來源有電腦化資料庫、期刊、書籍、政府文件及其他等五種：

(一)電腦化資料庫：電腦化資料庫包括了相關的資料檔，每一個資料檔都是由相關的、同一格式的資料錄（record）所組成，我們可透過電腦進行線上查詢或透過光碟（CD-ROM）來查詢。目前約有1,500家廠商提供了約3,600以上的線上資料庫，而且我們可以透過555個線上服務系統來查詢。

(二)期刊：《Ulrich 國際期刊目錄》（*Ulrich's International Directory*）32版列出了全世界140,000種期刊（periodicals）。

(三)書籍：據估計，在美國每年約有47,000本新書出版，這些有關書籍提供相當豐富的資訊。在臺灣，可向各大書局索取書目，以了解所編著、代理的書籍。

(四)政府文件：在美國政府的《每月目錄》（*Monthly Catalog*）中，列出了近年來20,000種政府刊物，這只是所有政府刊物中的一小部分。在臺灣，根據行政院主計總處的分類，政府統計出版品可分為四類，即統計法則、綜合統計、經濟統計及專業統計（包括地理、人口及社會統計、經濟統計及一般政務統計）。

(五)其他：這些特別蒐集的各種刊物、文件，包括了大學的出版刊物、博碩士論文、公司的年度報告、政策白皮書、公會的出版品等。全國博碩士論文資訊網（http://datas.ncl.edu.tw/theabs/1/）蒐集了相當豐富的論文可供參考。

三、電腦化資料查詢

蒐集資料最重要的來源就是圖書館。首先我們要了解我們的資訊需要，然後再從圖書館中萃取有關的資料。未來的圖書館將是一個沒有藩籬的知識寶庫；我們在家裡就可以透過網際網路（Internet）來檢索所需的資料。

(一)次級資料供應者：在美國，最重要的兩個次級資料供應者是FIND/SVP及Off-The-Shelf Publications。除此以外，還有許多供應者提供電腦終端機線上服務，諸如：Dialog Information Service、Lexis/Nexis、 Dow Jones News/Retrieval、Market Analysis and Information Databases等。詳細說明，請參考附錄7-1。

次級資料的類型與電腦化資料查詢

次級資料2大來源

1. 內部資料（internal data）

包括組織內部的生產、銷售、人力資源、研究發展、財務的管理資訊系統、部門報告、生產彙總報告、財務分析報表、行銷研究報告等。

2. 外部資料（external data）

①電腦化資料庫

→包括了相關的資料檔，每一個資料檔都是由相關的、同一格式的資料錄所組成，我們可透過電腦，進行線上查詢或透過光碟來查詢。

②期刊
③書籍
④政府文件

⑤其他

→這些特別蒐集的各種刊物與文件，包括大學的出版刊物、博碩士論文、公司的年度報告、政策白皮書、公會的出版品等。

電腦化資料查詢

蒐集資料最重要的來源就是圖書館。首先我們要了解我們的資訊需要，然後再透過網際網路（Internet）從圖書館中檢索所需的資料。

1. 次級資料供應者

在美國，最重要的兩個次級資料供應者是FIND/SVP及Off-The-Shelf Publications。

2. 電子資料庫

我們可在圖書館做電腦化的查詢，也可在家裡透過數據機來做。

3. 透過Internet檢索

坊間最受歡迎的網路瀏覽器軟體是Internet Explorer（微軟公司）、蘋果公司的Safari。Internet Explorer已經成為大多數電腦的瀏覽器標準。

Unit **7-3**
次級資料的類型與電腦化資料查詢之二

當研究人員在蒐集次級資料時，要先確認資料的需要為何，再去找資料。

三、電腦化資料查詢（續）

(二)電子資料庫：我們可在圖書館做電腦化的查詢（computerized search），我們也可以在家裡透過數據機（modem）來做。透過電腦來查詢資料，不僅快速、周全，又有成本效應。

(三)透過Internet檢索：網路瀏覽器軟體（Web browser software）可使你遨遊網海。當我們在觀賞今日美國、雅虎、澳洲雪梨科技大學的網站時，我們所使用的是網路瀏覽器軟體。坊間最受歡迎的網路瀏覽器軟體是Internet Explorer（微軟公司）、蘋果公司的Safari。Internet Explorer已經成為大多數電腦的瀏覽器標準。

四、尋找過程

當研究人員在蒐集次級資料時，要先確認資料的需要，然後再看看有無內部資料可供使用，如果沒有，再去找企業外部資料，詳細的過程如右上圖所示。

ABI/INFORM已經成為世界各頂尖商學院不可或缺的商學資源，除了哈佛大學等全美前10大商學院外，國際知名的倫敦商學院、洛桑管理學院（IMD）等，皆採用ABI/INFORM。右下兩圖是以ABI/INFORM來查詢有關「網路行銷」論文的結果。

124

參考式資料庫只提供有關的摘要、索引及有關文獻，例如：ABI/INFORM（Abstracted Business Information）收錄了7,400多種期刊索摘，超過4,300種全文期刊，其獨家收錄的核心資源包括：1.Journal of Retailing等頂尖學術期刊；2.Incisive Media 之風險管理、保險、金融相關主題之權威期刊；3.Business Monitor International Industry Report：BMI 產業分析報告；4.First Research：提供Hoover's所提供之300種產業市場分析工具；5.EIU Viewswire exclusive；6.Oxford Analytica- OxResearch；7.Oxford Economic Country Briefings；8.Wall Street Journal -- Eastern Edition；9.Financial Times；10.23,000 篇美加商學博碩士論文；11.Social Science Research Network (SSRN) working papers Index；12.Hoover's Company Records：42,000多家上市及非上市公司資料。

原始來源包括了該文章的詳細資料，這些資料有些是數字形式的（如普查資料），有些是文字形式的。文字形式的資料提供了全文檢索（full text search）的功能，也就是說，我只要鍵入關鍵字，該資料庫就會去尋找包括這個關鍵字的有關文章。例如：道瓊新聞／檢索服務（Dow Jones News / Retrieval Service）、哈佛商業評論資料庫服務等，均具有全文檢索的能力。

企業內部及外部次級資料尋找的邏輯步驟

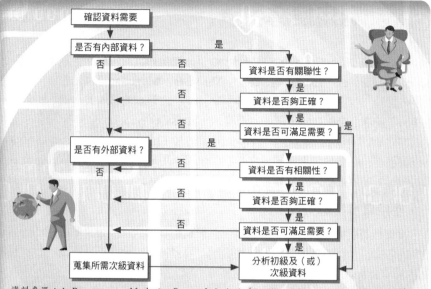

資料來源：A. Parasuraman, *Marketing Research,* 2nd ed.（Reading, MA: Addison-Wesley, 1991），p.182.

用ABI/INFORM查詢「網路行銷」論文

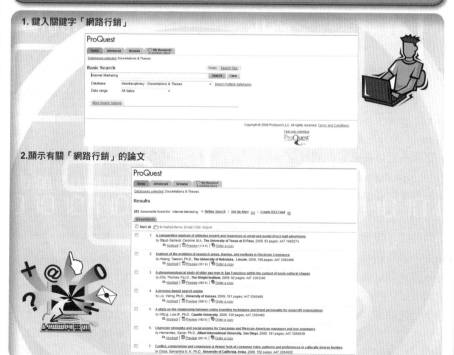

1. 鍵入關鍵字「網路行銷」

2. 顯示有關「網路行銷」的論文

Unit 7-4
利用搜尋引擎

圖解研究方法

　　搜尋引擎（search engine）的市場競爭一直是相當白熱化的，除了雅虎以外，Google、Infoseek、Excite、Lycos、 AltaVista、Magellan等也是相當叫好的搜尋引擎。對於一個網路生手而言，搜尋引擎就像一位親切的導航員。國內的許多網站也提供了搜尋引擎的功能，例如：奇摩站（https://tw.yahoo.com）就提供了方便、實用的「YAHOO!奇摩搜尋」。Openfind 網站（http://www.openfind.com.tw/）的查詢服務，則是分門別類的，當然我們也可以用關鍵字去查詢。Web上有許多種類的搜尋引擎，最普遍的兩種是真實搜尋引擎及目錄式搜尋引擎。

一、使用真實搜尋引擎

　　真實搜尋引擎可讓你鍵入關鍵字，然後利用軟體代理技術來尋找Web上具有關鍵字的各網站，再將各網站加以排序顯示。真實搜尋引擎並不是不斷的從次目錄中做選擇，Google就是最受歡迎的真實搜尋引擎。

　　假設你要尋找「誰是2006年學院獎（academy award）得主」， 使用Google（www.google.com），只要用問問題的方式或輸入關鍵字即可。例如：要找「誰是2006年學院獎得主」的資料，可以鍵入「誰是2006年學院獎得主」（Who won the Academy Award in 2006），然後按下「Google搜尋」（Google Search）或「好手氣」按鈕即可（中文版Google，還有所有網站、所有中文網頁、繁體中文網頁、臺灣的網頁可供選擇）。讀者可使用Google來體會。

二、使用目錄式搜尋引擎

　　運用Yahoo!的目錄式搜尋引擎，讀者不妨利用它來尋找「誰是2006年學院獎得主」。這些目錄的程序包括：1.Arts；2.Awards；3.Movies/Film；4.Academy Award；5.78th Annual Academy Awards（2006）。最後一個網頁顯示可選擇的網站清單。以這種方式來搜尋有一個明顯的優點。如果看倒數的第二個網頁，也就是Academy Awards，它包含了過去10年來有關學院獎的次目錄，因此利用目錄式搜尋引擎就可以很容易地找到相關的資訊。

　　可以使用目錄式搜尋引擎的另外一種方式。例如：在所呈現的第一個網頁中，我們可在「搜尋」右邊的文字方塊內鍵入「Academy＋Awards＋2006」，然後再點選「網頁搜尋」這個按鈕（或直接按Enter鍵）。這種方式與上述逐步選擇次目錄的方式非常類似。你會發現我們在關鍵字中用了兩個「＋」號，用這種方式就可限制所呈現的網站要同時具有這三個字（或符合這三個條件）。如果你不要顯示具有某些關鍵字的網站，你可以用右圖釋例的「－」號。這樣的話，所顯示的結果比較能夠符合你的需求，而不會出現任何「只要沾到一點邊」的網站。

最普遍的2種搜尋引擎

1. 真實搜尋引擎（true search engine）

可讓你鍵入關鍵字，然後利用軟體代理技術來尋找Web上具有關鍵字的各網站，再將各網站加以排序顯示。
Google就是最受歡迎的真實搜尋引擎。

2. 使用目錄式搜尋引擎

尋找「誰是2006年學院獎（academy award）得主」。

> 每年一次由電影藝術科學學院，或稱「影藝學院」頒發的若干獎項統稱，旨在表揚電影工業的成就。78屆的學院獎是由李安獲得。

2-1.逐步選擇次目錄5程序

Arts
↓
Awards
↓
Movies/Film
↓
Academy Award
↓
78th Annual Academy Awards（2006）
↓
最後一個網頁顯示了你可選擇的網站清單

2-2.善用加減符號搜尋

在所呈現的第一個網頁中，我們可在「搜尋」右邊的文字方塊內鍵入「Academy + Awards + 2006」，然後再點選「網頁搜尋」這個按鈕（或直接按Enter鍵）。

不會出現「只沾到一點邊」的網站之精準搜尋法

在使用搜尋引擎來搜尋網站方面，如果你使用的是目錄式，而不是逐步選擇次目錄的方式的話，我們強烈建議你要善用加減符號，這樣所顯示的結果比較能夠符合你的需求。

假設你要找Miami Dolphin NFL（美國足球聯盟邁阿密海豚隊），你可鍵入「Miami + Dolphin」（邁阿密＋海豚隊），搜尋結果可能出現許多「正確的」網站，但也可能出現在邁阿密觀賞海豚（如水族館）的網站。這時你可以調整一下所輸入的關鍵字，變成「Miami + Dolphin – aquatic – mammal」（邁阿密＋海豚隊－水族館－哺乳動物）。如此所呈現的網站更能符合你的需求。

附錄 **7-1**
美國提供次級資料的主要來源

在美國，提供次級資料的主要來源（公司及網址）如下，其他有關提供次級資料的公司及網址如右頁所示，讀者可逕自上網了解。

1.ActiveMedia, http://www.activemedia.com：Active Media公司曾出版《1996年萬維網市場趨勢》報告。此報告討論到在網際網路上所提供的各種商品及服務，以及其成功之道。Active Media公司是在1994年由一群高科技人才所成立的，其研究小組專精於線上市場的研究分析及個案研究。

2.Advertising, Marketing and Commerce on the Internet（網路廣告、行銷及商務）：這是由南洋技術大學所提供的網站，它會不定期提供有關網路廣告、行銷及商務的資料。

3.CommerNet, http://www.commerce.net：CommerNet與Nielsen媒體研究公司（http://www.nielsenmedia.com）共同合作進行「網路再接觸（再度光臨某網站）的人口統計研究」，此研究結論可在網路上免費下載。

4.Coopers & Lybrand, http://www.colybrand.com：Coopers & Lybrand是著名的專業服務及顧問公司，所服務的對象遍及各產業；該公司的媒體及事業部對新媒體的成長做了深入的研究。

5.DataQuest, http://www.dataquest.com：DataQuest是一個市場情報公司，它可提供有關新媒體及網路方面的研究、諮詢及分析服務。

6.Find/SVP, http://www.findsvp.com：Find/SVP的新興技術研究群（Emerging Technologies Research Group）專精於「技術改變對消費者及商業影響的研究」，最近所提出的報告是「美國網路使用者研究」。此網站所提供的資料非常廣泛，涵蓋了飲料、生物科技、化學、電腦、藥品、財務分析、食品、健康、高科技、商業自動化、軟體、塑膠及運輸。

7.Forrester Research, http://www.forrester.com：Forrester Research公司的研究重心在網路對商業的衝擊、策略管理研究、總公司研究及新媒體研究，該公司也對大型企業提供技術策略的建議。

8.Frost & Sullivan, http://www.frost.com：Frost & Sullivan公司的「研究發布群」（Research Publications Group）定期的追蹤全美300種產業的市場資料，這些資料可激發創意，協助企業做規劃及擬定投資決策。

9.Jupiter Communications, http://www.jup.com：Jupiter Communications（木星傳播公司）是技術諮詢公司，廣泛的研究網路成長及人口統計趨勢，尤其對雅虎的使用者更是情有獨鍾。

美國其他有關提供次級資料的公司及網址

公司名稱	網址
Graphics, Visualization, & Usability	http://www.cc.gatech.edu
Hemes	http://www.personal.umich.edu
IntelliQuest	http://www.intelliquest.com
International Data Corporation（IDC）	http://www.idcresearch.com
Internet Society	http://www.isoc.org
The Market Research Center	http://www.asiresearch.com
Matrix Information and Directory Services, Incorporated（MIDS）	http://www.mids.org
MetaMarketer	http://www.clark.net
Network Wizard	http://www.nv.com
O'Reilly & Associates	http://www.ora.com
SIMBA Information Incorporated	http://www.simbanet.com

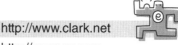

我國行政院主計總處網站

首先透過Microsoft Internet（或者Netscape的Communicator）進入「行政院主計總處」的網頁（http://www.dgbasey.gov.tw/），我們就可以檢索有關資料。行政院主計總處網站提供了相當豐富的次級資料，包括政府預算、政府會計、政府統計及普查、資訊管理、主計法規等重要資訊；詳言之，包括中央政府總預算、國家經濟成長率、物價指數及失業率等經社指標、全國性農林漁牧業、工商及服務業、戶口及住宅等普查最新資訊。對於一個企業研究者（尤其是想要了解臺灣總體環境的研究者）而言，這些都是相當寶貴的資料。

129

第 **8** 章
調查研究

●●●●●●●●●●●●●●●●●●●●●●●● 章節體系架構 ▼

Unit **8-1**
了解調查研究

調查研究（survey method）就是在某一時點（at a single point in time）向一群受訪者（或受試者）蒐集初級資料的方法，在研究者之間使用得相當普遍。

一、各種調查名稱

以橫斷面（cross-section）來看，這一群受訪者（或受測者）要有母體的代表性（要能代表母體）。被詢問問題的人，稱為訪談對象或受訪者（interviewee）或問卷填答者（respondent）。針對每一個人進行調查，稱為普查（census）。針對某一個民意（例如：民眾對於毒品、飛彈試射、核四建廠）所進行的調查，稱為民意調查（public opinion polls）。

上述的「某一時點」並不是指所有受訪者都在真正的同一時間被調查，而是指從調查開始（第一個受訪者）到結束（最後一個受訪者）的時間要愈短愈好，也許在數週、數月之內就要完成調查的工作。但是有些調查從開始到結束的時間拖得相當長（例如：超過一年），而且也會再對原先的受訪者進行二度訪談（或多次訪談），像這樣的調查稱為貫時性研究（panel studies）。如果在長時間針對某一主題（例如：對墮胎的態度）進行多次訪談，但是所針對的受訪對象不同，像這樣的研究稱為趨勢研究（trend studies）；跨時間（在相當長的時點之間）所進行的研究則稱為縱貫面研究（longitudinal studies）。

二、從資料採礦所得到的資料類型

調查研究的主要目的在於蒐集大量受測者（或受訪者）的基本資料、態度與行為資料等，經過分析之後，產生足以提升策略效能及效率的資訊。在蒐集大量資料之後，研究者就可利用線上分析處理（Online Analytical Processing, OLAP）及資料採礦（data mining）技術來分析。從資料採礦所得到的資料類型如下：

(一)關聯：是與某一事件有關的事情。管理者可透過關聯性做更好的決策。

(二)循序：是事件隨著時間而發生的先後次序。例如：100位消費者中，有65位消費者在購買房子之後，會在二週內購買冰箱；100位消費者中，有45位消費者在購買房子之後，會在一個月內購買烤箱。

(三)分類：是針對依照某項目加以區分的群體，找出每個群體的特徵。

(四)集群：就是將資料加以集結成群；它有點像分類，但是它事前並沒有界定好的群體。資料採礦工具可以在資料中挖掘出不同的群體，例如：依照客戶的人口統計變數、個人理財方式，將資料分成若干群體。

(五)預測：就是利用現有的資料去推測未來。它可以利用現有的變數去推測另一個變數，例如：從現有的資料中找出一些軌跡去推測未來的銷售量。

有名的調查名稱及目的

調查名稱	調查目的
Habit & Practice Study	為了解消費者的行為，以尋求行銷機會。
Concept & Usage Test	為了解消費者對於新產品概念的接受度及使用後的評價。
Naming & Package Test	為了解消費者對於新產品在命名及包裝方面的反應及評價。
New Brand Evaluation Study	為了解消費者對於新產品價格的接受度及未來購買意願。
Day-After-Recall（DAR）	為了解廣告影片播放後，消費者的回憶狀況及評價。
Comprehension Reaction	為了解消費者對於廣告影片的反應及了解度。
Store Audit	為了解產品的鋪貨與流通狀況。

從資料採礦所得到的5種資料類型

1. 關聯（association）

例如：對超市消費者購買型式的研究發現，100位消費者中，有65位消費者每購買一包洋芋片會再購買一瓶可樂；如果有促銷活動，則消費者人數增加到85位。有了這些資訊，管理者可以做更好的決策（如產品布置），也可以知道促銷的獲利性。

2. 循序（sequence）

3. 分類（classification）

例如：擔心客戶流失量愈來愈大的信用卡公司，可以利用分類技術來確認已經流失的客戶有哪些特徵，並建立一個模式來分析某位客戶會不會流失。如此，公司就可以推出一些方案來留住容易流失的客戶。

4. 集群（clustering）

5. 預測（prediction）

Unit **8-2**
訪談類別

訪談可以結構程度（degree of structure）及直接程度（degree of directness）來加以分類。

上述「結構」是指訪談者是否有自由度，是否針對每一個訪談的獨特情況，來改變問卷的內容（其用字、說明等）；而「直接」是指受訪者是否了解訪談目的的程度。

一、結構與非結構

在結構性的訪談中，訪談者的誤差可望減到最低，並且適用於非專業的訪談者（因為他們只要問問題、做記錄就好了）。

非結構性的訪談可以獲得比較豐富、完整的資料，對於了解複雜的課題（如個人價值、購買動機等）特別適用。

為方便讀者了解，茲將結構化與非結構化訪談的優缺點整理說明如下：

(一)結構化訪談的優缺點：結構化訪談的優點是容易管理及教導新研究助理；缺點是不太自然、不是在任何情況皆適用、事前的準備成本較高。

(二)非結構化訪談的優缺點：非結構化訪談的優點是容易了解受測者的感覺、某些資料（如受測者的內心感受）只有用這種方法才能蒐集；缺點是費時間、費成本、需要有經驗的面談者。

二、直接與間接

不論訪談者多麼謹慎地隱藏訪談的目的，受訪者或多或少會知道。對受訪者而言，直接的問題比較容易回答，在各個受訪者之間也代表著同樣的意義。例如：像詢問教育程度、家庭人數等這樣的問題。

但有時候，受訪者不願意或不能夠回答直接的問題。例如：受訪者也許不能夠說明購買某一產品的潛意識，或者不願意承認他們購買某產品是基於社會上不能接受的理由。在這種情況下，利用間接的訪談是有必要的。

在間接訪談（或稱隱藏式訪談）中，訪談者所問的問題，不會讓受訪者知道研究的目的。例如：訪談者要受訪者描述一下「一般人騎機車上班的情形」，事實上，訪談者所要了解的是，受訪者對於機車、使用機車的態度。

結構性及直接性都是程度上的問題；換句話說，它們分別是一個連續帶（continuum），而不是斷續的類別（discrete category）。然而為了簡化起見，我們可依照「結構化—直接」、「結構化—間接」、「非結構化—直接」、「非結構化—間接」，來將訪談加以分類。

結構化與非結構化訪談的優缺點

類型	優點	缺點
結構化	• 容易管理及教導新研究助理	• 不太自然 • 不是在任何情況皆適用 • 事前的準備成本較高
非結構化	• 容易了解受測者的感覺 • 某些資料（如受測者的內心感受）只有用這種方法才能蒐集	• 費時間 • 費成本 • 需要有經驗的面談者

決定使用何種訪談類型的流程圖

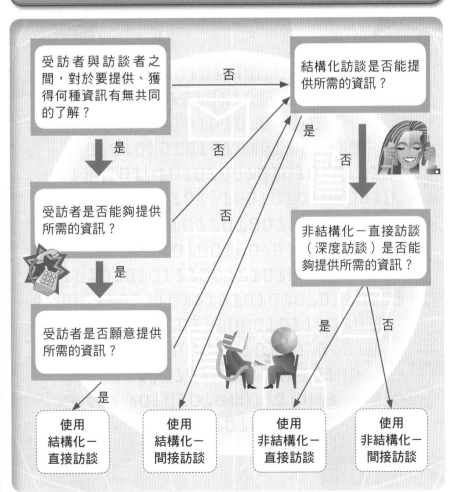

Unit **8-3**
調查類型之一

　　調查可依傳遞資訊、獲得資訊方式的不同分為以下五種，由於內容豐富，特分兩單元說明之。

一、人員訪談

　　人員訪談是以面對面的方式，由訪談者提出問題，並由受訪者回答問題。這是歷史最久、也是最常用的資料蒐集方式。而其主要優缺點及訪談地點的選擇，茲整理如下：

　　(一)人員訪談的主要優點：包括1.能彈性改變詢問的方式及內容，以獲得真正的答案；2.有機會觀察受訪者的行為；3.受訪者可事先做準備。

　　(二)人員訪談的主要缺點：需要較長時間的準備和作業時間。值得了解的是，人員訪談是一種藝術，它需要：1.面談的經驗；2.建立進行的步驟；3.與受訪者建立互信；4.清楚的提出問題；5.避免對事件的爭辯。

　　(三)人員訪談的地點：在人員訪談中，訪談者與受訪者是進行面對面的溝通，至於訪談的地點可以是受訪者的家中，或是在某個地方（例如：百貨公司前、研究室等）。

　　在購物地點處攔截的訪談（mall intercept interview），在人員訪談中最為常見，因為這種方式具有下列優點：1.比逐戶訪談更合乎成本效益；2.有機會展示實際的商品或搬動不易的設備；3.比較能監督由研究助理所進行的訪談；4.所花的時間不多。

　　在購物地點處攔截的訪談雖然是隨機的，還是要看受訪者是否合乎樣本的要求。合格的受訪者（例如：性別、年齡符合樣本的要求）才會被邀請到購物處內的訪談室進行訪談；換句話說，在便利抽樣法之外，還要加上判斷抽樣法。

二、電話訪談

　　所謂「電話訪談」，顧名思義就是利用電話來蒐集資料。電腦輔助電話訪談（computer-assisted telephone interviewing, CATI）或稱電腦輔助電話訪問系統，是結合電腦、電話設備及通訊科技於一身的電話訪問系統。

　　CATI是將問卷內容直接呈現在訪談者面前的電腦螢幕上，訪談員根據這些問題，透過電話來詢問受訪者，然後將所聽到的答案直接鍵入電腦中（或用光筆在螢幕上做選擇）。

　　CATI最適合應用在大型的、複雜的調查。為了提高訪問的效率與品質，目前許多民意調查機構幾乎都設置這套系統。CATI具有四大主要優點，值得多加了解，進而善加利用，但因篇幅有限，將在下單元繼續說明。

調查5類型

① 人員訪談（personal interview）

② 電話訪談（telephone interview）：就是利用電話來蒐集資料

目前最常被使用的電話訪談系統是一種電腦輔助電話訪談系統（CATI），是結合電腦、電話設備及通訊科技於一身的電話訪問系統。

③ 郵寄問卷調查（mail questionnaire survey）

④ 電腦訪談（computer interview）

⑤ 網路調查（Internet survey or online survey）

人員訪談的優缺點

優 點

1. 能彈性改變詢問的方式及內容，以獲得真正的答案。
2. 有機會觀察受訪者的行為。
3. 受訪者可事先做準備。

缺 點

1. 面談的經驗。
2. 建立進行的步驟。
3. 與受訪者建立互信。
4. 清楚的提出問題。
5. 避免對事件的爭辯。

在購物地點處攔截訪談的優點

1. 比逐戶訪談更合乎成本效益。
2. 有機會展示實際的商品或搬動不易的設備。
3. 比較能監督由研究助理所進行的訪談。
4. 所花的時間不多。

Unit **8-4**
調查類型之二

電腦輔助電話訪談（CATI）是五種調查類型的其中之一，目前許多民意調查機構幾乎都設置這套系統。

二、電話訪談（續）

CATI具有以下四大優點：

(一)先前回答攸關後來問題組：受訪者所要回答的問題組，決定於他（她）先前所回答的問題。

(二)量身打造問題：可以自動地對於同樣的問題提供不同的版本。

(三)遇壞答案即增加新問題：很容易在極短的時間內改變「壞的」答案、增加新的問題。

(四)可有效地進行資料分析：CATI能自動處理數值以備分析；實際上在電訪尚未完成前，就可以開始分析資料，因此可以預測分析結果，也可以知道群組是否已達統計學上有效的樣本數。

三、郵寄問卷調查

郵寄問卷調查的方式就是研究者將問卷寄給填答者，並要求他們寄回填好的問卷。與人員訪談相較，郵寄問卷調查具有以下優點：1.郵寄問卷調查是針對廣大群體尋求答案的一種理想方式，而人員訪談一次僅能詢問一個對象；2.由於郵寄問卷調查可以不具名，因此比人員訪談較具有隱密性；3由於受測者不需立即回答，故比人員訪談更不具壓力；4.所需的技巧較少，成本也較低。

四、電腦訪談

在電腦訪談中，電腦的語音系統會向受訪者提出問題，而受訪者會在其家中的電視螢幕上看到這些問題，並透過裝置（例如：遙控選台器）來選擇答案；或者是電腦透過電話發出問題，由受訪者按電話上的按鍵來回答。這種方式可以剔除受訪者誤差及互動效應。在彈性及速度方面，電腦訪談並不亞於CATI。對於開放式的問題，電腦訪談則不甚恰當。

五、網路調查

近年來由於網際網路（Internet）的蓬勃發展，進而帶動了電腦商務的興旺，在網路上做廣告、進行消費者意見調查的情形已是屢見不鮮。業者可以在其首頁（homepage）中設計好問卷（通常都是比較單純的問卷），或者以開放式問卷的方式來詢問上網者的意見。

CATI具有4大優點

1 受訪者所要回答的問題組，決定於他先前所回答的問題

2 可以自動地對於同樣的問題提供不同的版本

3 很容易在極短的時間內改變「壞的」答案、增加新的問題

4 可有效地進行資料分析

郵寄問卷調查 vs. 人員訪談

項　目	郵寄問卷調查	人員訪談
1.訪談對象	針對廣大群體尋求答案的一種理想方式。	一次僅能詢問一個對象。
2.受訪隱私性	可以不具名，較具有隱密性。	不具有隱密性。
3.受訪壓力	受測者不需立即回答，更不具壓力。	具有壓力。
4.成本方面	所需的技巧較少，成本也較低。	所需的技巧較多，成本也較高。

網路問卷調查的好處

肯得基炸雞公司已將其每月固定二次、針對120人的人員訪談，改變成網路問卷調查，所使用的系統是Sawtooth軟體公司的SSI V5.4系統（www.sawtoothsoftware.com）。初步研究發現，約90%的受訪者「非常喜歡」網路問卷調查的方式。網路問卷調查具有以下好處：

1 設計問卷的時間，從數小時減少到一小時。

2 大幅降低紙張的浪費。

3 平均填答時間減少了50%。

4 調查完成的次一天即可完成資料分析。

5 所獲得的資料更為精確。

Unit **8-5**
選擇適當的調查方法

我們要用什麼標準來選擇適當的調查方法呢？以下將說明之。

一、問卷的複雜性

問卷愈複雜、各題的判斷條件（例如：如果「是」，則答第X題，如果「不是」，則填答第X題）愈多的話，則用人員、電話、電腦訪談愈適當。

二、所需要的時間及努力

所需要的資料數量涉及到以下兩個問題，一是受訪者完成問卷所需要的時間是多少；二是受訪者完成問卷所投入的努力要多少。

三、攸關資料正確度的影響因素

(一)敏感性的問題：人員及電話訪談（在某種程度上）需要訪談者與受訪者進行社會互動，因此受訪者可能不會回答令人尷尬的問題或不會誠實回答社會上不認可的行為。由於郵寄、電腦訪談不需社會互動，所以我們可以假設這些方法比較可能會產生正確的答案。但是實證研究的結果顯示，只要問卷設計、組織得好，以上方法都可能獲得正確的答案，除非所調查的是非法使用藥物的問題。

(二)訪談者效應：訪談者隨便改變問題、儀表、態度、有意無意提供暗示等因素，都會影響受訪者回答；訪談者的社會地位、年齡、性別、種族、權威性、訓練、期待、意見及聲音也都會影響調查結果。當然不同調查主題所受影響因素會不同。

(三)樣本控制：前文五種調查方法對於樣本的控制是大不相同的。人員訪談對於樣本控制的程度很高，但在購物地點所進行的人員訪談，對於樣本的控制較低，因為只能訪談到「去購物中心的人」。

(四)完成調查所需的時間：電話訪談通常在較短的時間即可完成。除此以外，在僱用、訓練、控制及協調訪談員方面，也相對地容易。研究者可增加人員及電腦訪談者的人數，以減少訪談所需的總時間。但在超過某一程度之後，在訓練、協調及控制訪談員這方面，就會顯得不經濟。

(五)反應率：這是完成訪談數與總樣本數的比例。一般而言，調查的反應率愈低，其非反應誤差愈高。但是低的反應率並不表示一定沒有非反應誤差。非反應誤差表示受訪者及未受訪者之間的差異現象，造成了研究者做出錯誤結論或決策的情形。各種調查方法都有「非反應誤差」的潛在問題存在。

(六)成本因素：調查的成本隨著訪談的類型、問卷的特性、所需的反應率、所涵蓋的地理範圍，以及調查的時間而定。成本因素不僅包括最初的接觸，也應包括事後成本（電話催促、追蹤郵件等）。

選擇適當調查方法的標準

1. 問卷的複雜性

2. 受訪者（或問卷填答者）完成問卷所需要的時間及努力

3. 資料的正確度

在調查方法中，資料的正確性會受到下列因素的影響：

3-1.敏感性的問題
3-2.訪談者效應

在人員訪談中，訪談者效應最為顯著。電話訪談多少有些訪談者效應，郵寄問卷、電腦訪談則微乎其微。

3-3.樣本控制
3-4.完成由調查所需的時間

郵寄問卷所費的時間最長。除了加以催促之外，研究者對於如何縮短回覆時間，實在是無能為力。

3-5.反應率
3-6.成本因素

人員訪談所花費的費用較其他方法為高，電腦訪談因為可以慎選受訪者，因此可以使費用壓低。電話訪談的費用比人員、電腦訪談更低，但是比郵寄問卷調查高。

調查方法的比較

顯然，沒有一個所謂的「完美」的方法。最適當的方法，就是能使研究者以最低的成本，從適當的樣本中獲得適當資訊的方法。下表彙總了各種方法的特色（選擇標準），值得注意的是，這是一般性的描述，並不見得適用於所有的場合。

方法 向度	人員	電話	郵寄	電腦	網路
1.處理「問卷的複雜性」的能力	優	好	差	好	好
2.完成問卷所需的時間	非常快	快	平平	快	非常快
3.資料的正確度	平平	好	好	好	好
4.訪談者效應的控制	差	平平	優	優	優
5.樣本控制	平平	優	平平	平平	優
6.完成調查所需的時間	好	優	平平	好	優
7.反應率	平平	平平	平平	平平	平平
8.成本因素	平平	好	好	平平	非常好

Unit **8-6**
網路調查

網路調查又稱線上調查，就是利用網路有關科技來蒐集初級資料。

一、網路調查的優點

相較傳統調查而言，網路調查具有以下優點：

(一)成本優勢：無論就人力、物力、財力上所花費的成本而言，網路調查會比人員訪談、電話訪談、郵寄問卷、電腦訪談都來得便宜。

(二)速度：就速度上而言，利用網頁設計軟體（如Microsoft FrontPage）可以迅速有效的設計出網頁問卷。同時，設計妥善的網路調查可以在短期間內獲得充分的數據，進而立即從事統計分析的工作。

(三)跨越時空：網路調查可跨越時空，剔除了時空的藩籬，克服了傳統調查方式所遇到的問題。

(四)彈性：我們可以先刊出探索式問卷（exploratory questionnaire），將所蒐集到的資料加以適當修正後，即刻改刊載正式問卷。如果研究人員對於消費者對某項產品的反應方式沒有把握，可以先刊出探索式問卷，以開放式問題讓網友填答。經過幾天獲得資訊之後，再重新編擬正式問卷獲得所需的調查數據。

(五)多媒體：網路調查可以向網友呈現精確的文字與圖形、聲音訊息，甚至是立體或動態的圖形。傳統調查研究若要呈現視覺資料，成本是相當可觀的。

(六)精確性優勢：網路調查的問卷在回收後不需要以人工將資料輸入電腦，可避免人為疏失，同時電腦程式還可以查驗問卷填答是否完整，以及跳答或分支填答的準確性。網路調查問卷在跳答、分支問卷（branching，也就是根據某項問題的不同回答，呈現不同版本的問卷提供給受測者填答）的設計上，具有高度精確性。

(七)固定樣本：網路調查容易建立固定樣本（panel），如果調查單位希望能夠針對同一個人長期進行多次訪問，網路調查是一個相當有效的方式。

二、網路調查類型

一般而言，網路調查可分為以下三種類型：

(一)網站調查型：指由進行調查的單位將調查問卷刊載在網站上，並在各網頁上使用橫幅廣告（banner）、超連結（hyperlink）等方式，邀請受測者進入網站填答。

(二)電子郵件調查型：這是將問卷發送到受測者的信箱邀請其填答寄回，或由進行調查的單位將調查問卷刊載在網站上，並發送電子信件附上超連結，邀請受測者進入網站填答。

(三)隨機跳出視窗調查型：這是指當網友點選一個特定網頁時，由系統隨機跳出問卷視窗來邀請網友填答的作法。

網路調查

網路調查（Internet survey）又稱線上調查（online survey），由於網際網路的普及，探索式研究可以用電子郵件、聊天室（chat room）、網路論壇（forum）、虛擬社群（virtual community）等方式來進行，此稱為**線上焦點團體**。

網路問卷調查之例

8. 除了通訊服務外i phone 3G您最常使用的功能為何？
- PDA
- 玩遊戲
- 上網瀏覽
- 其他，請填寫：

9. 對於i phone 3G您認為可以改進的地方有?(可複選)
- 通話品質
- 外觀樣式
- 運算速度
- 持續電量
- 軟體功能
- 下載速度
- 其他，請填寫：

10. 您更換手機的主要原因為?(可複選)
- 手機破舊不敷使用
- 朋友推薦
- 手機價格高低
- 手機功能多寡
- 手機外觀樣式
- 是否搭配促銷方案
- 月租費高低
- 其他，請填寫：

11. 您會推薦使用三代 phone 3G嗎?
- 大力推薦
- 推薦
- 不推薦

網路調查目的與資料蒐集內容

網路調查目的（想要了解什麼）與資料蒐集內容（蒐集何種資料）息息相關。下表說明了調查目的與資料蒐集內容的關係。

網路調查目的（想要了解什麼）	資料蒐集內容（蒐集何種資料）
1. 進行網路行銷方案是否划算？	全世界的網路使用者及目標群體的估計數
2. 有無擴展市場機會？	產業中網路使用的成長
3. 向青年人、中年人、老年人行銷	所選定的使用者的平均年齡
4. 向婦女行銷產品	以性別來區分的市場區隔
5. 針對特定的線上使用者來行銷	以教育別、職位別、所得別來區分的市場區隔
6. 促銷策略是否有效？	網路目標市場的行為、網路商業應用趨勢
7. 商業用戶是否增加？	網路名稱的註冊數
8. 行銷預算是否要調整？	網路對其他媒體的影響
9. 電子商務是否成長？	網路購物的行為（包括數量）及網路行銷利潤
10. 電子商務是否有遠景？	使用者對電腦及網路的熟悉度、使用率，以及使用網際網路的目的
11. 首頁設計得如何？網頁之間的導引（超連結）如何？	瀏覽器、平臺、連接速度

第 **9** 章
調查工具

●●●●●●●●●●●●●●●●●●●●●●●●● 章節體系架構

Unit **9-1** 基本概念

當細心的建立概念與概念之間的關係（概念性架構）、抽樣計畫，並決定了樣本的大小之後，接著就要設計調查工具（research instrument）或者蒐集資料的工具（data collection instrument），如問卷或訪談計畫。

一、調查工具的發展

問卷（questionnaire）通常是以郵寄或訪談方式，向受訪者或填答者詢問的一些題目（questions）。在企業研究（尤其是行銷研究）上，調查工具的發展由「界定一般管理目標或問題」開始到「形成特定衡量問題」為止，共有四個步驟：

(一)管理問題：管理者想要得到答案的問題。例如：某公司的管理當局想了解新推出的Word Pro（視窗環境之下的32位元文書處理軟體）的市場反應如何？

(二)研究問題：為了解決管理問題，研究者所欲研究的問題。例如：研究者將管理者所想要了解的問題，變成「使用者對於Word Pro的滿意程度如何？」

(三)探討問題：為了回答研究問題，研究者對該問題所要提供的細節及範圍。例如：研究者所要探討的問題是：1.本公司的技術輔導小組幫助使用者解決問題的情況如何？2.使用者對於新增功能的意見如何？

(四)測量問題：研究者為了要獲得有關問題的詳細資訊，要求受測對象必須回答的問題。例如：研究者設計右頁問卷來問使用者。

二、善用軟體工具

(一)利用協助問卷發展的軟體：由於個人電腦硬體、軟體的突飛猛進，不僅電腦訪談成為可能，問卷設計也可借助於電腦。以下是有助於問卷發展的軟體：

1.Sawtooth軟體公司所發展的軟體，可使我們設計輸入螢幕、變換顏色、改變字型、排列問題的次序、設計跳題、隨機排列問題（以免造成位置偏差）等。Sawtooth C12型的兩種版本可分別提供100、250個題目設計，讀者可上該網站下載試用版。

2.Marketing Metrics公司所推出的Interviewdisk是將問卷利用電子郵遞系統，寄給受測者填答。它能處理圖形、多選項式問題、二分法問題、語意差別法問題、成對比較問題及跳題等。利用這個方式的前提是填答者要有個人電腦、電子郵遞系統，但因具有時間節省、資料正確性等好處，筆者認為值得廣為沿用。

(二)利用免費製作問卷服務：由於線上研究已漸蔚為風氣，所以有許多網路行銷公司會提供許多方面服務，例如：為你免費製作問卷，如My3q網站（www.my3q）、優仕網（www.youthwant.com.tw）等。因此你可以委託他們幫忙設計網路調查問卷、蒐集資料。你可以在Google中鍵入「免費網路問卷」，來瀏覽提供免費服務的網站。當然，讀者在享受這些免費服務時，應先清楚了解權利與義務。

調查工具的發展4步驟

1. **管理問題**（management questions）
2. **研究問題**（research questions）
3. **探討問題**（investigative questions）
4. **測量問題**（measurement questions）

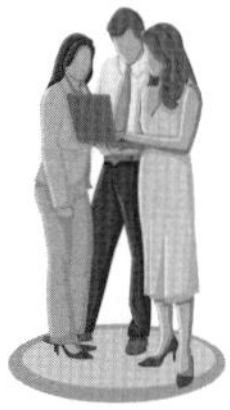

研究者設計問卷詢問使用者對產品的反應情形

1. 當你在操作Word Pro碰到問題而打電話給本公司的技術輔導小組尋求協助時，你對他們的服務態度：
   □ 很滿意　□ 無意見　□ 不滿意
2. 你覺得Word Pro在版面布置的新增功能：
   □ 清晰易懂　□ 容易操作

其他＿＿＿＿＿＿＿＿＿＿＿＿＿＿＿＿

Sawtooth軟體公司（http://www.sawtoothsoftware.com/）網頁

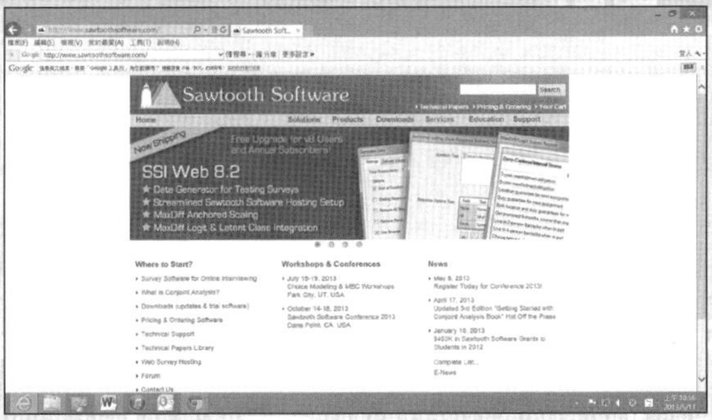

知識補充站

量表的來源

問卷中的各題目要能提供資訊以解決研究問題，但是研究者在設計、修正問題時，不僅要花上很多的時間和努力，而且是否能掌握問題的效度也是值得懷疑的。幸運的是，對於某些研究問題而言，我們有許多現成的量表可以運用，可整理成以下兩大來源：

1.相關文獻：許多相關研究論文後面均附有衡量其研究變數的量表。例如：如果我們要衡量組織氣候，可以參考：James F. Cox, William N. Ledberter, and Charles A. Synder, "Assessing the Organizational Climate for OA," Information & Management 8, 1985, pp.155~170。如果我們要衡量角色衝突（role conflict）與角色模糊（role ambiguity），可以參考：K. Joshi, "Role Conflict and Role Ambiguity in Information System Design," OMEGA International Journal of Management Science,17, no.4, 1989, pp.369~380。

2.向編彙量表的機構（學校、研究單位、書局、公司）購買：例如：我們可以向Institute for Social Research（Ann Arbor, Michigan）洽購「職業態度與職業特性量表」（Measures of Occupational Attitudes and Occupational Characteristics），其作者為John P. Robinson。

Unit **9-2**
問卷的類型

問卷的類型（format）可依結構化（structuredness）、隱藏性（disguise）來加以區分。

一、結構化

在問卷設計時，研究者必須決定哪些題目是結構化問題（structured questions），哪些題目是非結構化問題（unstructured questions）。

(一)完全結構化問題（structured question）：這通常會限制填答者做某種特定的回答。換言之，結構化的問題是以固定的語句呈現給受測對象，並且具有固定的回答類別（如右圖例一）。

(二)完全非結構化問題（completely unstructured question）：另外一個情形，也就是問題不以固定的（同樣的）語句呈現給每位受測對象，而且也沒有固定的回答類別。例如：研究者告訴訪談者，要他們了解受測對象對於棕欖香皂及親親香皂的比較。在這種情況下，不論訪談者及受訪對象都有很大的自由發揮空間。

第一類型是在固定的回答類別中，加上開放性的類別（如右圖例二）；第二類型是以固定的問題問每位受測對象，但是完全開放式的（如右圖例三）。

(三)優缺點：結構化問題的變化性較低、所花的時間較少、成本較低、正確性較高、受測對象的方便性較高，但是結構化問題的僵固性不適合使用在探索式的研究上（探索式研究的主要目的在於發掘新的研究構想）。再說，結構化問題的正確性並不是「與生俱來」的；如果回答類別的分類不夠明確，令受測對象有「無所適從」之感，則所蒐集到的資料之正確性及客觀性便值得懷疑。

簡言之，研究的類別直接影響到問卷結構化程度。研究本質愈具有結論性，則問題就愈需要結構化；研究本質愈具有探索性，則問題就愈需要非結構化。

二、隱藏性

隱藏性問題（disguised question）是不表露真正目的的間接問題。有些問題如果直接詢問受測對象，可能永遠無法獲得真正的答案。這些問題包括了敏感的問題、令人尷尬的問題等。試看下列直接式的（非隱藏式的）問題：您會不會買便宜的酒，然後裝在名貴的酒瓶內來招待客人？

正如我們所預料的，大多數的「詐欺者」不會回答這個問題。但由於許多人認為「保持靜默，即表默認」，故他們會回答「不會」。因此要獲得正確的（真正的）答案是不可能的。然而，我們可以迂迴的方式問問題來了解受測對象的實情。例如：在您所交的朋友中，有沒有人會買便宜的酒，然後裝在名貴的酒瓶內來招待客人？這樣我們就能獲得更為正確的答案了。

問卷的類型

1. 結構化

在下列情況中，結構化問題最為適當，一是發掘新的研究構想並不是研究的主要目的；二是研究者對於答案的類別及範圍已胸有成竹，並有把握建立有效的回答類別。

1-1. 完全結構化問題

【例一】

與棕欖香皂比較，您覺得親親香皂如何？（可以複選）
☐ 價格較便宜　　　　☐ 聞起來更香　　　　☐ 大小更適中
☐ 較耐用　　　　　　☐ 泡沫比較多

1-2. 完全非結構化問題

1-2-1. 在固定回答類別中，加上開放性類別。

【例二】

與棕欖香皂比較，您覺得親親香皂如何？（可以複選）
☐ 價格較便宜　　　　☐ 聞起來更香　　　　☐ 大小更適中
☐ 較耐用　　　　　　☐ 泡沫比較多
☐ 其他＿＿＿＿＿＿＿＿＿＿＿＿＿＿

（請說明）

1-2-2. 以固定問題問每位受測對象，但是完全開放式的。

【例三】

與棕欖香皂比較，您覺得親親香皂如何？
＿＿＿＿＿＿＿＿＿＿＿＿＿＿＿＿＿＿＿＿
＿＿＿＿＿＿＿＿＿＿＿＿＿＿＿＿＿＿＿＿
＿＿＿＿＿＿＿＿＿＿＿＿＿＿＿＿＿＿＿＿

2. 隱藏性

2-1. 尷尬的問法可能無法獲得真正答案，例如：

您會不會買便宜的酒，然後裝在名貴的酒瓶內來招待客人？
☐ 會　　　　　　　　　　　　☐ 不會

2-2. 迂迴的問法可更了解受測對象的實情，例如：

在您所交的朋友中，有沒有人會買便宜的酒，然後裝在名貴的酒瓶內來招待客人？
☐ 有　　　　　　　　　　　　☐ 沒有

結構化問題的優缺點

評估標準	結構化問題的優點	結構化問題的缺點
1.變化性	對受測對象的識字程度要求不高、也不需要特別好的溝通技巧；以同樣的問卷長度而言，可涵蓋較多的主題。	比較不能探求受測對象的真正感受，以及不能獲得深度的、詳盡的資料。
2.時間	回答所需的時間較短；所蒐集的資料可迅速的編碼、進行統計分析；在電腦訪談的場合，必須使用結構化的問題才能夠直接建檔。	在問題的設計上較費時（除非研究者知道要問什麼問題、期待什麼答案）。
3.成本	比非結構化問題更便宜，因為在記錄、分析資料所花的時間不多，所需要的技術不高。	
4.正確性	訪談者及受測對象所犯錯的機率較小。	沒有把握知道受測對象的答案真正能夠反映他（她）所想要表達的內容。
5.受測對象的方便性	以回答問題的容易度來看，會使受測對象覺得方便。	

資料來源：A.Parasuraman，"Overview of Primary Data Collection Methods," *Marketing Research*, 2nd ed.（Addison-Wesley Publishing Company, 1991）. p.218.

Unit 9-3
問卷的分類

問卷的類型決定於：1.研究專案的結論性程度，以及2.受測對象是否願意或是否能夠直接回答問題。基於這兩個條件，我們可以歸類出下列四種問卷類型，茲說明之。

一、結構化、隱藏性問卷

結構化、隱藏性問卷常用來研究人們對於社會上敏感的問題（例如：墮胎、汙染、解嚴等）的態度。結構化、隱藏性問題在回答上、編碼上比較簡單，但是在設計上、解釋上卻不容易。

二、結構化、非隱藏性問卷

結構化、非隱藏性問卷常用在行銷研究中，尤其是涉及到大樣本時。這類問卷最適合用在研究主題清晰明確，而且沒有理由隱藏的描述式研究（descriptive research）中。

三、非結構化、隱藏性問卷

非結構化、隱藏性問卷又稱為投射技術，適用於探求受測對象的欲望、情緒、意圖的動機研究（motivation research）。在行銷研究中，常用的投射技術包括下列三種測驗。利用到這些技術的研究稱為質性研究（qualitative research）。

(一)字的聯想測驗：此測驗是以若干字要受測者聯想，以探求其內心世界。這些字與研究主題可以是相關的或不相關的，也可以是中性的。例如：在以個人電腦為主題的研究中，可能包括相關的字，如聲望、簿記、電動遊戲，也可能包括不相關的（或中性的）字，如運動、烹調、家具及報紙等。

(二)句子完成測驗：這是要受測者完成一些不完整的句子。這些句子有些是與研究主題有關，有些則是中性的，如右圖所示。

(三)主題統覺測驗：這是用來衡量個性（personality）的工具，最早由Henry A. Murray（1938）所發展出來的。原始的TAT包含了20個畫有圖畫的卡片，但自「第一版TAT」推出之後，有許多更新版本。在利用TAT施測時，要每位受測者看每張卡片（每張大約20秒鐘），然後再要求他們在20分鐘左右寫出一個故事。受測者要描述圖畫中發生了什麼事、為什麼會發生、對圖畫中的人物看法等。

四、非結構化、非隱藏性問卷

非結構化、非隱藏性問卷又稱為深度訪談（in-depth interview），適用於探索式研究中，可讓受測對象暢所欲言。

問卷4分類

l. 結構化、隱藏性問卷

常用來研究人們對於社會上敏感問題的態度。

2. 結構化、非隱藏性問卷

常用在大樣本的行銷研究。

3. 非結構化、隱藏性問卷 → 又稱為投射技術（projective technique）

3-1. 字的聯想測驗（word association test）

字的聯想測驗特別適用於了解受測者對於新的東西（產品、服務、品牌、政績、政黨等）的感覺。

> 投射技術有很多種類，但都具有這兩個特性，一是向受測者所提供的刺激（stimulus）是相當模糊不清的；二是受測者在對這些刺激做反應時，會不經意的、間接的透露他們內心深處的真正感受。

3-2.句子完成測驗（sentence completion test）

例如：研究者想要了解受測者對於「購買國貨」的內心感覺，他可以做下列設計，研究者要求受測者在右邊空白處寫下他們的感覺。研究者不必記錄填答者所花的時間，也不必記錄其身體反應，因此句子完成測驗比較容易實行。

國產車＿＿＿＿＿＿＿＿＿＿＿＿＿＿＿＿＿＿＿＿＿＿＿＿＿＿
限制進口車＿＿＿＿＿＿＿＿＿＿＿＿＿＿＿＿＿＿＿＿＿＿
每個國民＿＿＿＿＿＿＿＿＿＿＿＿＿＿＿＿＿＿＿＿＿＿＿
外國貨＿＿＿＿＿＿＿＿＿＿＿＿＿＿＿＿＿＿＿＿＿＿＿＿
本國的失業情況＿＿＿＿＿＿＿＿＿＿＿＿＿＿＿＿＿＿

3-3.主題統覺測驗（thematic apperception test, TAT）

用來衡量個性的工具。

4. 非結構化、非隱藏性問卷

適用於探索式研究中，可讓受測對象暢所欲言。

Unit **9-4**
問卷發展之一

　　研究者在發展問卷時，所要考慮的因素包括問題內容、問題類型、問題用字、問題次序，以及問卷的實體風貌等五種。由於內容豐富，特分兩單元介紹之。

一、問題內容

　　在決定某些問題是否應包含在調查工具（問卷）內時，應考慮到以下因素：

　　(一)這個問題有必要嗎？設計問卷的關鍵因素就是攸關性（relevance）。也就是說，問卷的內容必須與研究目的相互呼應，每一個問題項目必須要能夠提供某些與研究架構中的研究變數、研究主題有關的資訊。

　　(二)這個問題是否具有敏感性、威脅性？研究者在問敏感性的問題（例如：性）、避諱的問題（例如：自殺、同性戀等）時，所得到的不是拒答，就是規範性的答案（normative answers）；規範性的答案就是合乎社會規範（social norms）的答案。換句話說，人們在回答這些問題時，所想的是「社會怎麼看這個問題」，而不是「自己認為是怎樣」。不可否認的，這類的問題會造成「社會期待的偏差」（social-desirability bias）。

　　(三)這個問題是否具有引導性？引導性的問題（leading questions）會引導受測者傾向於回答某一個答案，因而造成了「人工化」的偏差現象。問卷設計者應該以比較中性的態度來問問題，例如：以問「你吸菸嗎？」代替「你不吸菸，不是嗎？」

二、問題類型

　　在發展問卷時，常用的基本問題類型有三種：開放式（open-ended）、多選項式（multiple choice，從多個選項中選出一個），以及二分式（dichotomous）。

　　在行銷研究上的問卷設計，開放式的問題比較少，多選項式、二分式比較多，因便於編碼、分析之故。右圖所示的是這三類問卷的典型例子。雖然這三個問題類型（問問題的方式）都是針對同一個研究主題（對女性體育記者進入男性休息室進行採訪的態度），但要注意它們在分析上所用的統計技術是不同的。

小博士解說
選項設計應注意的事項之一

　　上述選項設計應注意的事項有二，一是避免「非互斥的問題」（non-mutually exclusive questions）；二是避免「未盡舉」（non-exhaustive）的問題。前者非互斥的問題會使填答者不知要填哪一格。而後者選項設計得不夠完整，會使得填答者無法填答適合他（她）的答案。茲分別舉例如右文之「知識補充站」。

問卷發展應考慮5因素

1. 問題內容 (question content)

1-1.這個問題有必要嗎？
1-2.這個問題是否具有敏感性、威脅性？
1-3.這個問題是否具有引導性？

2. 問題類型 (question type)

2-1. 開放式

你對於讓女性體育記者進入男性運動員休息室進行賽後採訪的看法如何？

_____
_____
_____

2-2.多選項式

下列哪一項最能描述你對於讓女性體育記者進入男性運動員
休息室進行賽後採訪的看法。

☐ 不論任何情況都不允許　　　☐ 在有些情況下（男性選手清洗更衣後）允許
☐ 應擁有像男性記者一樣的採訪權　　　☐ 無意見

2-3.二分式

你認為女性體育記者可以進入男性運動員休息室進行賽後採訪嗎？
☐ 可以　　　　　　　　　☐ 不可以

位置偏差

當受測對象從各選項中勾選答案時，由於各選項出現的位置（在前或在後）所造成的偏差稱為位置偏差（position bias）。例如，填答者傾向於選擇第一個選項、最後一個選項或者中間那個選項，這種情形在多選項式、二分式的問題中最常發生。改進之道在於：在問卷中將各題的選項出現的次序加以隨機排列。正如選項出現的次序會影響分析的結果，在產品的成對比較測試（paired comparison test）中，受測產品出現的次序不同，也會影響分析的結果。在兩個完全一樣的飲料測試中，先拿來測試的飲料會有較高的偏好，如下表所示。

成對產品偏好測試結果		
測試者反應	品牌E先測	品牌F先測
偏好E大於F	51%	42%
偏好F大於E	33%	48%
無差別	16%	10%

資料來源：Ralph L.Day, "Position Bias in Paired Product Test," _Journal of Marketing Research_, February 1969, p.100. published by American Marketing Association.

3. 問題用字　　　4. 問題次序　　　5. 問卷的實體風貌

知識補充站

選項設計應注意的事項之二

左文提到選項設計應注意兩個事項的內容，現分別舉例說明之。

1.避免非互斥的問題：例如，在下面例子中，認為是$20,000的人要如何填？

你認為系統分析師的薪水要多少才合理？	
☐ $20,000以下	☐ $20,000~$24,999
☐ $25,000~$29,999	☐ $30,000 以上

2.避免未盡舉的問題：例如：信天主教的人要如何回答？

請問您的宗教信仰是：		
☐ 佛教	☐ 基督教	☐ 道教

Unit **9-5**
問卷發展之二

　　前文介紹研究者發展問卷應考慮五種因素的兩種，其他本文繼續說明之。

三、問題用字

　　(一)清晰易懂、避免模糊：沒有一個研究者會刻意設計模糊的問題（ambiguous questions），但是模糊的問題在問卷中還是不免會出現。例如：「社會偏離」（social alienation）到底指的是什麼意思？填答者在看到這樣問題時，真有不知所措之感。他們可能跳過這個問題，或者乾脆拒答整個問卷。

　　(二)避免使用行話：有些字句只有受過專業訓練的人，才會懂它的意思。例如：電腦術語中的「非交錯式螢幕」、「32位元電腦」等。俚語或行話只有隸屬於某一群體的人才會懂，而且不同群體的人對於同樣一個俚語有著不同的解釋。

　　(三)避免二合一的問題：二合一的問題是指一個題目中有二個子題目的情形，例如：「你是否支持總統民選及核四公投？」這樣的問題只有都支持總統民選及核四公投者、都不支持總統民選及核四公投者才會有明確的答案（或者說回答這個問題）。支持總統民選但不支持核四公投者，或者不支持總統民選但支持核四公投者，均不知道要如何作答。題目中有「及」這個字眼的要特別注意，看看是不是問了兩個問題，但研究者想要問的只是其中的一個問題。

　　(四)注意填答者的參考架構：研究者與填答者的參考架構不同，會引起「一個問題，各自表述」的情況。例如問：「你最近情況如何？」研究者的參考架構是「身體狀況」，而填答者所想的是「財務狀況」。這種「牛頭不對馬嘴」的情況是因未說明參考架構而起。

四、問題次序

　　問題出現的次序首重邏輯性。試看右圖例一以用過、聽過、用過後的不合邏輯例子之後，我們會發現，事實上，聽過、用過、用過後的比較是較合乎邏輯次序的。因此，原先題目的次序應改成如右圖例二。

五、問卷的實體風貌

　　在郵寄問卷中，問卷的風貌尤其重要，因為問卷一寄出去之後，便「放牛吃草」了，不像人員訪談，訪談員可以察言觀色、見風轉舵。問卷如果頁數太多，對於填答者是一種壓力，結果可能落到「丟到資源回收桶」的下場。所以如果可以的話，要縮短問卷的頁數及問卷的行距。

　　問卷的布置要使得填答者易於回答。我們可以流程圖來表示答題的次序，或者以文字說明「如果答『是』，請跳到第X題」。紙張的品質要注重，以造成好感。

問卷發展應考慮5因素

1. 問題內容　　　　　　　　　**2. 問題類型**

3. 問題用字（question wording）應掌握4原則

3-1. 清晰易懂、避免模糊
3-2. 避免使用行話
3-3. 避免二合一（double barreled questions or two questions in one）的問題
3-4. 注意填答者的參考架構（frames of reference）

4. 問題次序（question sequence）

【例一】不合邏輯的問題

> 1.你用過Ivy牌褲襪嗎？
> ☐ 用過　　　　　　　☐ 沒用過　　　　　　　☐ 不確定
> 2.你聽過Ivy牌褲襪嗎？
> ☐ 聽過　　　　　　　☐ 沒聽過　　　　　　　☐ 不確定
> 3.與其他品牌比較，你覺得Ivy牌褲襪：
> ☐ 比較舒適　　　　　☐ 比較不舒適　　　　　☐ 一樣舒適
> ☐ 不確定

【例二】較合乎邏輯次序的問題

> 1.你聽過Ivy牌褲襪嗎？
> ☐ 聽過　　　　　　　☐ 沒聽過　　　　　　　☐ 不確定
> 2.你用過Ivy牌褲襪嗎？
> ☐ 用過　　　　　　　☐ 沒用過　　　　　　　☐ 不確定
> 3.如果用過，與其他品牌比較，你覺得Ivy牌褲襪：
> ☐ 比較舒適　　　　　☐ 比較不舒適
> ☐ 一樣舒適　　　　　☐ 不確定

5. 問卷的實體風貌（physical appearance）

在郵寄問卷中，問卷的風貌尤其重要，問卷的布置要使得填答者易於回答。

知識補充站

預試

在正式地使用問卷之前，應先經過預試（pretesting）的過程，也就是讓受試者向研究人員解釋問卷中每一題的意義，以早期發現可能隱藏的問題。

預試可以查出衡量工具的缺點。預試的對象包括同事或真正的受測對象，目的在於希望他們提出衡量工具的意見，以做為改進的參考，以及了解他們對於填答的興趣。許多研究者都曾歷經二次以上的預試。

預試的項目範圍包括了問卷發展中各個主要的考慮因素。研究者要檢驗問題的內容是否恰當？問題的類型是否恰當？有無造成位置偏差的現象？問題的用字是否清晰易懂？問題的次序是否合乎邏輯？問題的尺度是否恰當？

附錄 **9-1**
網路調查問卷設計

我們可利用Microsoft FrontPage來設計問卷，可先參考由筆者所設計的網路調查問卷，如圖9-1所示。

一、利用Microsoft Frontpage

圖9-1 利用Microsoft FrontPage以插入物件的方式來設計問卷

二、重要物件

在網路調查問卷的設計方面，有幾個重要的物件值得特別注意。這些物件幾乎是任何網路調查問卷所具備的。這些物件包括選項按鈕、下拉式清單方塊、核取方塊、文字方塊、文字區域，如下表所示。在這個網頁上，我們要有使用FrontPage的基本技巧，例如：插入等。任何有一些物件導向程式設計的讀者，對於這些物件及物件的設定，應該都不成問題，但如果不甚熟悉，可參考：榮泰生著《計算機概論——實習教材》（五南圖書）。

網路問卷具備的物件		
物件	說明	圖示
1. 選項按鈕（radio button）	適合單選題	◉ 選項按鈕（O）
2.下拉式清單方塊（combo list）	適合單選題，所呈現的是下拉式的各種選項	▦ 下拉式清單方塊（D）
3.核取方塊（check box）	適合多選題	☑ 核取方塊（C）
4.文字方塊（text box）	適合填寫簡短的文字	▦ 文字方塊（T）
5.文字區域（text area）	適合填寫比較多的文字	▦ 文字區域（E）

三、使用範本

一個相當便捷、有效率的方式，就是使用FrontPage所提供的範本。例如，我們可使用其「回函表單」的範本（圖9-2），然後再依據我們的需要加以修改。列出「送出意見」及「清除表單」的html，以供讀者參考：

```
<input type="submit" value="送出意見"> <input type="reset" value="清除表單">
```

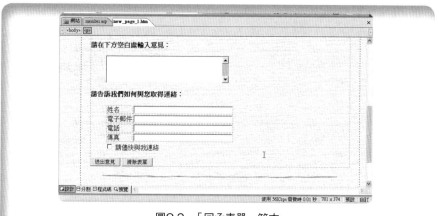

圖9-2 「回函表單」範本

四、利用Dreamweaver

我們也可以利用Macromedia公司的Dreamweaver來設計問卷，如圖9-3所示。

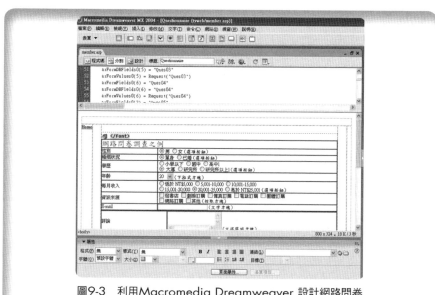

圖9-3 利用Macromedia Dreamweaver 設計網路問卷

五、資料的格式

在PhpMyAdmin的程式內，我們可設定讀取檔案的資料格式，如圖9-4所示。

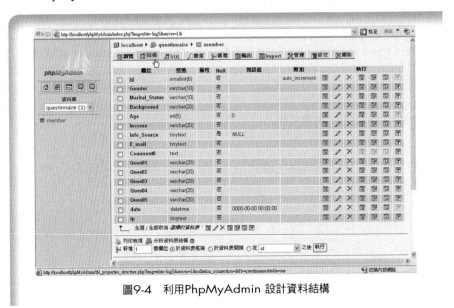

圖9-4　利用PhpMyAdmin 設計資料結構

六、資料的讀取

我們可在PhpMyAdmin內讀取由網路問卷填答者所寄回的資料（當然事先要安裝好Apache、MySQL程式），如圖9-5所示。

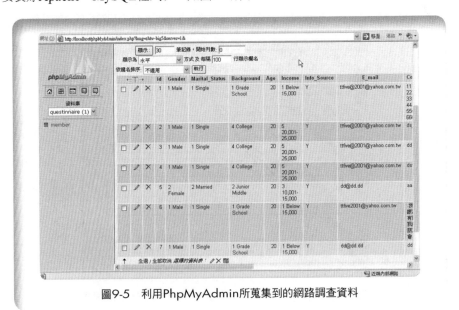

圖9-5　利用PhpMyAdmin所蒐集到的網路調查資料

AppServ 架站

想要自己架站的人一定常煩惱不知該把網站放到哪個網頁空間，雖然網路上有 PChome、Yahoo奇摩等免費網頁空間可用，但這些空間不但容量小，且不支援 PHP、CGI等語言，更不提供資料庫服務。而現在很多實用的XOOPS、phpBB、blog等套裝網站軟體，都必須支援PHP與資料庫才能安裝，如果想要將電腦變成網頁伺服器且將網站架設在自己電腦中，該怎麼辦呢？以往要架設專業網頁伺服器的話，大多得先安裝Linux或FreeBSD這一類的作業系統，但並不是每個人一開始都熟悉Linux指令，對於初學者來說，管理起一套不熟悉的作業系統也相當費力。現在，有了AppServ之後，我們便可輕鬆的在Windows作業系統中安裝好全套的 Apache、PHP、MySQL等網頁伺服器套件，只要執行完AppServ安裝程序，便可將所需的伺服器功能一次全部安裝好。AppServ的功能相當完整，包含了以下相當常用的元件：

· Apache 1.3.31　　· PHP 4.3.8　　· MySQL 4.0.20　　· Zend Optimizer2.5.3
· phpMyAdmin 2.6.0-rc1　　　· Perl 5.8.4

安裝好AppServ之後，預設的WWW網頁資料夾為「C:\ AppServ\www」，我們只要將製作好的HTML或PHP網頁放置到「C:\ AppServ\www」資料夾中，其他人便可透過瀏覽器瀏覽我們的網頁。如果你要管理MySQL資料庫的話，則可用IE瀏覽器開啟「http://localhost/phpMyAdmin/」網頁，便可透過「phpMyAdmin」來管理你的資料庫。如果你也是XOOPS、PHP-Nuke、phpBB與各種論壇、Blog網站的愛用者，也喜歡用上述網站系統來架設自己的網站，更不想為了架站而花時間學習、管理複雜的Linux、FreeBSD系統，那麼AppServ將是你不可錯過的全功能自動架站機。

讀者可上網進一步了解AppServ架站全攻略：http://appserv.eg-land.com/。

設計問題次序應遵循的原則

在問題次序的設計上，要能獲得有效資訊，又要使填答者清晰易懂，必須遵循以下原則：1.在問任何問題之前，要簡短說明誰做研究、目的是什麼、填答問卷所花的時間大概多少、要求填答者如何合作。如果研究的主題過於敏感，要保證填答者的隱私權受到保護及資料僅供研究之用。2.先問簡單、有趣的問題。如果一開始就問枯燥的、複雜的問題，會使得填答者失去填答的興趣。因此先要以簡單的、有趣的問題做為引導，然後再由簡而深，循序漸進。3.將同一主題的題目放在一起，才不會讓填答者有過於凌亂之感。4.就某一主題而言，先問一般性問題，再問特定性問題，這樣才不會造成「前面問題的答案影響到最後面問題的作答」。例如，如果我問：「你最不喜歡你的車子的哪個地方？」這個特定問題會影響「一般而言，你對你的車子的滿意程度如何？」這個一般性問題。5.敏感性的問題、識別性的問題要放在問卷的尾端。如果一開始就問敏感性的問題，必然會引起填答者的疑慮（是否和納稅有關）、反感（侵犯隱私權）。識別性的問題所提供的是識別資訊（classificatory information），也就是有關填答者的個人資訊（例如：年齡、所得、性別、職業、家庭人數等）。6.為了避免分心、重複的說明，應把同樣格式的問題放在一起。但如果同樣格式的若干個問題太過於複雜，可以用簡單的問題加以分開（雖然這些簡單問題的格式會不一樣）。7.最後要感謝填答者的合作。

七、資料的匯出及匯入

我們可將在PhpAdMin中讀取的檔案匯出到一個Excel檔案，並在SPSS匯入此檔案，就可在SPSS內進行進一步的分析。

八、一氣呵成

我們現在整理一下上述的過程，讓讀者一目了然，以達到一氣呵成的效果：1.以Frontpage或Dreamweaver設計網路問卷，加上「傳送」的動作；2.安裝AppServ軟體程式（包括Apache、MySQL、PhpMyAdmin），其中MySQL為後端資料庫，接收資料所需；3.在PhpMyAdmin網頁內建立新資料，設計資料格式（要與網路問卷中的資料相互呼應）；4.將網路問卷透過電子郵件軟體（如Outlook）傳送給問卷填答者；5.以PhpMyAdmin收錄資料，並匯出此資料檔案（如Excel檔案）；6.在SPSS中匯入此資料檔案（見2008年由五南圖書出版榮泰生著《SPSS與研究方法》第1章，1～4節）；7.利用SPSS進行下一步分析。

第 **10** 章

實驗研究

章節體系架構 ▼

Unit 10-1
實驗的本質之一

　　實驗研究的意義是由實驗者操弄一個（或以上）的變數，以便測量一個（或以上）的結果。被操弄的變數稱為自變數（independent variable）或是預測變數（predictive variable）。可以反映出自變數結果（效應）的稱為依變數（dependent variable）或效標變數（criterion variable），依變數的高低至少有一部分是受到自變數的高低、強弱所影響。

　　暴露於自變數操弄環境的實體稱為實驗組（treatment group），這個實體可以是人員或商店。在實驗中，自變數一直維持不變的那些個體所組成的組稱為控制組（control group）。

　　以下列舉可能影響實驗結果的各種誤差，由於內容豐富，特分兩單元介紹。

一、事前測量效應

　　事前測量效應又稱為測量前的效應。測量前的效應是指由於測量的原因，對於後續測量的結果產生了直接的效應。

二、互動誤差

　　互動誤差的產生是因為事前的測量改變了受測者的敏感性。在涉及到品牌認知、態度及意見的研究中，這些敏感性因素會顯得特別重要。

三、成熟

　　成熟是指由於時間的變化（不是特定的外在事件），造成受測者在生理上、心理上的系統性變化，因而影響到依變數的正確性。在事前及事後測試之間，受測者可能會變得更疲憊。

小博士解說
如何控制住其他變數？

　　為了要確信依變數的任何改變是受自變數的影響，研究者必須要能測量或控制住其他變數。怎麼控制住其他變數呢？研究者可藉由隨機及配對的方式來做到。隨機（randomization）就是隨機地將受測者指派到實驗組或控制組；配對（matching）是指刻意地將受測者指派到控制組，以便在其他重要的地方保持一致的現象。實驗的主要特點在於建立、測量各實驗變數之間的因果關係，一個好的實驗設計可以展現出變數之間的因果關係，因為其他的潛在原因或外在變數（extraneous variable）都被控制住了，這些情形在調查研究或次級資料的研究中是不可能做到的。

實驗的本質

由實驗者操弄一個（或以上）的 變數 ，以便測量一個（或以上）的結果。

↓

自變數 or 預測變數

↓

可以反映出 自變數 的結果（效應）→稱為依變數或效標變數

> 1. 暴露於操弄環境的實體稱為「實驗組」
>
> ╋
>
> 2. 一直維持不變所組成的組稱為「控制組」

 知 識 補 充 站

失竊啤酒的個案

史溫格（Swingle, 1973）曾提出20多個在社會／心理上的現場實驗。這些研究主題包括績效與參與、歧視、輔助與誠實、態度改變，以及謠言等。有關「輔助與誠實」的實驗，叫做「旁觀者與小偷」（The Bystander and the Thief）或「失竊啤酒的個案」（The Case of the Stolen Beer）。

在這個實驗中，扮演強盜的人進入一個賣酒的商店內，店內只有一個夥計（是實驗的參與者，不是原來的夥計）。強盜問夥計：「你店裡賣最貴的進口啤酒是什麼？給我兩箱。」夥計回答道：「是Lowenbrau！我去看看倉庫裡還有多少。」然後就離開櫃檯。

夥計離開了之後，強盜就信手拿起一打啤酒，說道：「嘿嘿嘿！中計了！」隨即揚長而去。

夥計回到櫃檯的時候，只有20%的顧客（受測者）會主動地向夥計說他被騙了。如果顧客之中沒有一個人主動說出來，夥計就要提示：「剛才那個人呢？」在沒有說出來的顧客中，經過提示後，有51%的人會說出來。在二個強盜的實驗中，在「說出來」方面，與只有一個強盜的實驗，並沒有顯著性的差異。顧客的性別，在這二個實驗中，也沒有顯著性的差異。

但是在店裡的顧客數在「說出來」方面，卻有顯著性的差異。如果店裡只有一個顧客，不論是自動的或提示後，會向夥計說出來的個案是65%（48個案例中，有31個案例）。如果店裡有第二個顧客，「說出來」的情況就會減少，至少有一個顧客會說出來的案例比例是56%。

Unit 10-2
實驗的本質之二

實驗誤差可能來源約有十項，你能想像「歷史」對依變數也能有所影響嗎？

四、歷史

「歷史」是一個令人困惑的字眼，它並不是表示實驗前所發生的事，而是指在前測及後測的時間當中，除了實驗者所操弄的變數之外，對依變數產生影響的其他變數或事件。

五、測量工具

測量工具是指隨著時間的變化，因測量工具的變化所產生的誤差。

六、選擇

在大多數的實驗中，至少會有二組（即實驗組及控制組）產生。選擇誤差是指將實驗單位指派到各組（實驗組或控制組）時，造成了依變數上的不公平，或者造成了「某一組比較會對自變數做反應」的情形。

七、死亡

受測者的死亡是指在各受測組內受測者所造成的差別損失。差別損失（differential loss）是指在某一組內損失的受測者與其他組的受測者不同。如果實驗只有一組，那麼差別損失是指退出實驗的人在對自變數的反應方面，與留在實驗內的人不同。

八、反應誤差

反應誤差是指由於企業研究（例如：實驗室研究）的人工化，以及（或者）研究者的行為對依變數所造成的影響。

九、測量的時效性

我們有時會假設自變數所產生的效應是立即的、持久的，因此我們在操弄自變數（例如：價格、廣告）之後，就馬上測量依變數（銷售量），但自變數的立即效應可能不同於其長期效應。

十、代理情況

代理情況是指由於實驗情況的人工化，以及（或者）實驗者的行為，對依變數所造成的影響。

實驗誤差的可能來源

原因	說明
1 事前測量（premeasurement）效應	依變數的變化，只是因為最初測量的效應。
2 互動誤差（interaction error）	事前測量的敏感性，會造成自變數效應的增減。
3 成熟（maturation）	由於時間的變化（不是特定的外在事件）造成受測者在生理上、心理上的系統性變化，因而影響到依變數的正確性。
4 歷史（history）	外在變數對於依變數的影響。
5 測量工具（instruments）	隨著時間的變化，測量工具的變化。
6 選擇（selection）	將實驗單位指派到各組（實驗組及控制組）時，造成了依變數上的不公平，或者造成了「某一組比較會對自變數做反應」的情形。
7 死亡（mortality）	在實驗的各組中，喪失了受測者的專屬獨特性。
8 反應誤差（reaction error）	由於實驗情況的人工化，以及（或者）實驗者的行為，造成對依變數的影響。
9 測量的時效性（measurement timing）	在某一時點對依變數的測量，不能反映出自變數的實際影響。
10 代理情況（surrogate situation）	所使用的實驗環境、受測者、處理，不同於真實世界。

Unit 10-3
實驗環境

在先前討論實驗誤差時，曾概略提到有關實驗環境效應（experimental environment effect），也就是反應誤差的問題。如果受測者的對象是人，這種情況尤其明顯。為了控制這個誤差，我們的實驗環境要愈具有真實性（realism）愈好。

一、實驗室實驗的原因

實驗室實驗可使歷史誤差減到最低程度，因為它能將研究環境侷限在一個物理環境中，不受「世俗」干擾；能在一個嚴密、可操作、可控制的環境中，操弄一個（或以上）的變數，這種控制程度是現場實驗望塵莫及的。在費用及時間上，實驗室實驗比現場實驗少得多。同時，因為在實驗室進行，競爭者便沒有機會來攪局、探求你的新構想。這些因素足以說明為何企業在研究早期階段採用實驗室實驗的原因，倘企業認為費用不是問題，風險又不大，可再進行現場實驗。

二、實驗室實驗的反應誤差

實驗室實驗的反應誤差（reactive error）是指受測者對於實驗情況本身、實驗者做反應，而不是對自變數做反應。反應誤差有下列兩個來源：

(一)實驗情況：在整個實驗環境中，受測者並不是處於被動的狀態。他們會想要了解，在他們身上會發生什麼事。此外，他們會表現出「被期待的」行為，也就是說，如果在實驗中，有某些事情「暗示」某種行為才是適當的話，他們就會表露出那種行為，以成為「相當配合」的受測者。

(二)實驗者：實驗者所造成的誤差，很類似調查研究中訪員所造成的誤差。實驗者的非語言行為（nonverbal behavior，例如：聳肩、皺眉等），會影響受測者對於可口可樂的偏好，雖然受測者並未察覺到這些行為。研究計畫主持人必須聘僱受過專業訓練的實驗者、不要告訴他們研究目的和研究假說、減少他們與受測者接觸的機會——這些作法都可以減低實驗者的效應。在必須與之接觸時，也要儘量用錄音、文字敘述等非個人化的方式。

三、現場實驗

在許多情況下，研究者必須在自然環境下進行實驗，而不是在實驗室進行。在實驗室環境中，研究者可以控制自變數或建立控制組來控制有關誤差。但在自然環境中，研究者對於變數的控制力便會相對降低，也無法掌握實驗組與控制組的平等性（例如：相同受測者人數），因此也無所謂「使用控制組」這件事。實驗者無法控制外在變數或實驗情況，但可引進測試刺激因素（自變數），這種實驗稱為現場實驗。在某些情況下，對於現場實驗環境的操弄，還是有可能的。

企業在研究早期採用實驗室實驗的原因

 1 可使歷史誤差減到最低程度。

 2 在費用及時間上，比現場實驗花費少得多。

 3 競爭者沒有機會來攪局、探求你的新構想。

實驗室實驗的應用

實驗室實驗曾被廣泛地應用在新包裝的影響、廣告等方面，但應用在配銷決策上的例子倒不多見。

1. 包裝測試

包裝能夠吸引注意，並傳遞有關品牌的訊息及形象。實驗者可對不同的新式包裝做比較，或與現有包裝做比較。對眼球移動的追蹤及其他的生理反應，都常用在包裝測試方面。

2. 廣告測試

下表顯示了測量廣告效果的方法分類。第一個分類基礎是「與廣告有關的測試」或「與產品有關的測試」；第二個分類基礎是「實驗室的測量」或「真實世界的測量」。在這個分類基礎下，就會延伸出各類的測試方式。

測量廣告效果的方法

	與廣告有關	與產品有關
實驗室	前測工具 1.消費者陪審團 2.組合測試 3.閱讀率分析 4.生理測量	前測工具 1.劇院測試 2.手推車測試 3.實驗商店
真實世界	前測工具 1.假的廣告媒介 2.探索測試 3.空中測試	前測及事後測試工具 1.事前—事後測試 2.銷售測試 3.迷你市場測試
	事後測試工具 1.認知測試 2.回憶測試 3.連結測試	

Unit **10-4**
實驗設計之一

　　實驗設計（experimental design）可分為基本設計（basic design）及統計設計（statistical design）兩大類。基本設計是一次只考慮一個自變數，而統計設計可使研究者測量一個以上自變數的效應。由於內容豐富，特分兩單元介紹。

一、實驗使用符號之描述

　　在說明各種實驗之前，我們先說明一下在描述實驗時所使用的符號如下，同時務必留意事件發生的次序是「由左到右」來表示。

　　MB：代表事前測量（premeasurement），亦即在引進或操弄自變數之前，對於依變數所做的測量。

　　MA：代表事後測量（postmeasurement），亦即在引進或操弄自變數之時或之後，對於依變數所做的測量。

　　X：代表處理（treatment），亦即自變數真正的引進或操弄。

　　R：代表隨機選擇組別。

二、基本設計

　　基本設計包括了六種表示法，茲說明如下：

　　(一)僅事後設計：就是在操弄自變數之後，就做事後測量，其表示法如右頁。

　　(二)事前及事後設計：其表示法如右頁，其中效應是以（MA-MB）來測量。如果沒有誤差產生的話，MA-MB就是自變數所導致的結果。不幸的是，事前及事後設計會有許多實驗誤差，歷史、成熟、事前測量、測量工具及互動誤差都會影響此設計的結果。然而，如果研究者的實驗單位是商店，而所測量的是銷售量的話，唯一的重要誤差來源可能就是歷史誤差。

　　(三)事前及事後加控制組設計：其表示法如右頁。加上了控制組之後，實驗者可控制大部分的誤差，但還是不能控制死亡、互動誤差。

　　假設某公司要測試P-O-P展示效果，它在其銷售區域隨機選取了十家商店做為實驗組，十家商店做為控制組。在推出P-O-P展示的前後，分別測量各組的銷售量，並比較此兩組的銷售量變化。

　　P-O-P 展示的效果可計算如下：

$$（MB_1-MA_1）-（MB_2-MA_2）$$

　　在這種實驗設計下，事前測量的誤差得到了控制，因為兩組都有做事前測量。歷史、成熟及測量工具誤差同樣地影響實驗組及控制組。

實驗設計2大類

1 基本設計　　　**2** 統計設計

實驗設計符號的描述

MB：事前測量　　**MA**：事後測量　　**X**：處理　　**R**：隨機選擇組別

事件發生次序：「由左到右」來表示

基本設計

1. 僅事後設計（after-only design）

表示法如下：

X	MA

2. 事前及事後設計（before-after design）

表示法如下：

MB	X	MA

3. 事前及事後加控制組設計（before-after with control design）

表示法如下：

R	MB$_1$	X	MA$_1$
R	MB$_2$		MA$_2$

4.模擬式事前及事後控制　5.事後加控制組設計　6.所羅門四組設計

知識補充站

霍桑研究——反應誤差的現象

有名的霍桑研究（Hawthorne study）可以說明反應誤差的現象。這一連串的實證研究大部分在西方電氣公司（Western Electric）的霍桑工廠進行，起始於1924年，直到1932年才結束。

在早期的研究中，研究者所設計的實驗組的燈光照明度會逐漸增加，而控制組的燈光照明度則一直保持一定。研究者企圖發現生產力與燈光照明度的關係，並假設生產力與燈光照明度有正相關。

然而他們發現，在實驗組的燈光明度增加時，這兩組的生產力都有增加的現象。甚至當實驗組的燈光照明度減低時，這兩組的生產力還是都有增加的現象。一直到燈光照明度減低到如同月光的照明度，生產力才開始下降。

研究者的結論是：照明度與生產力並無直接的關係，但是他們也無法解釋這種現象。1927年，西方電氣公司邀請哈佛大學教授梅約（Elton Mayo）以顧問身分參與這項研究。他的實驗包括了工作的重新設計、工作時數與天數的改變、休息時間，以及個人及群體的工資計畫等對生產力的影響。結果發現，這個報酬制度對生產力的影響尚不如群體壓力、群體的被接受等因素，社會規範（norms，群體所設定的標準）才是決定個人工作者行為的主要素。同時，研究人員也發現，研究人員的特別注意或特別關心，改變了研究對象的行為（員工的生產力）。

Unit 10-5
實驗設計之二

　　本主題所介紹的基本設計的各種實驗均有可能產生誤差，只是誤差有分潛在的或實際的誤差。

二、基本設計（續）

　　(四)模擬式事前及事後控制：當初發展出「模擬式事前及事後控制」的目的，在於針對有關態度及了解（或知識）的研究中，控制好事前測量誤差及互動誤差。這個實驗是以不同的兩組分別做事前及事後測量，但控制組做事前測量，實驗組做事後測量，其表示法如右圖，其中X的效果是以（MA-MB）來測量。由於不同的人接受到事前及事後測量，因此就不會有事前測量誤差及互動誤差。但歷史誤差還是免不了。

　　(五)事後加控制組設計：在「事前及事後加控制組設計」中，由於做了事前測量，所以會有不可抗力的互動誤差產生。除此以外，事前測量通常是一筆花費，而且會增加整個實驗情況的人工化（不自然）。這時候，實驗者可用「事後加控制組設計」，其表示法如右頁。

　　(六)所羅門四組設計：又稱為四組六研究設計（four-group six-study design），包括了四個組、二個處理及二個控制、六個測量、二個事前測量及四個事後測量。所羅門四組設計是同時進行「事前及事後加控制組設計」、「事後加控制組設計」，其表示法如下：

R	MB_1	X	MA_1
R	MB_2		MA_2
R		X	MA_3
R			MA_4

　　所羅門四組設計除了不能控制測量的時效性誤差、代理情況誤差及反應誤差之外，可以控制其餘所有的實驗誤差。以前從來沒有一種實驗可以一次做六種測量，而且研究者可以從組間分析（between-group analysis）來估計出互動及選擇誤差。實驗變數的效應是這樣的：$MA_3 - MA_4$。

　　因四組都相似，故理論上MB_1應等於MB_2。如果實驗前測量不影響依變數，則$MA_1 = MA_3$及$MA_2 = MA_4$。如果實驗變數對於依變數確實有影響，則MA_1、MA_3和MA_2、MA_4之間應有顯著性的差異；若無顯著性的差異存在，表示實驗變數沒有什麼效應。如果MA_1、MA_3、MA_2、MA_4這四個數值都不同，表示實驗前測量會直接影響到受測者的反應，並和實驗變數有互動作用。

1 基本設計

1.僅事後設計　2.事前及事後設計　3.事前及事後加控制組設計

4. 模擬式事前及事後控制（simulated before-after with control design）

表示法如下：

R	MB		
R		X	MA

5. 事後加控制組設計（posttest-only control group design）

表示法如下：

R	X	MA_1
R		MA_2

6. 所羅門四組設計（Solomon four-group design）

所羅門四組設計除了不能控制測量的時效性誤差、代理情況誤差及反應誤差之外，可以控制其餘所有的實驗誤差。

基本設計的誤差彙總說明

下表彙總了以上各種實驗所可能產生的誤差，或稱潛力誤差（potential errors）。在表中，＋號表示該實驗設計能夠控制住這種誤差，－號表示不能夠，0表示該實驗沒有這種誤差。值得注意的是：潛在誤差與實際誤差（actual error）是不同的。

實驗設計與潛在誤差

實驗 ＼ 誤差	事前測量	互動	成熟	歷史	測量工具	選擇	死亡	反應	測量時效	代理
1. 僅事後	＋	＋	－	－	＋	－	－	0	0	0
2.事前及事後	－	－	－	－	－	＋	－	0	0	0
3.事前及事後加控制	＋	－	＋	＋	＋	＋	－	0	0	0
4. 模擬式事前及事後控制	＋	＋	－	－	－	－	＋	0	0	0
5.事後加控制	＋	＋	＋	＋	＋	－	－	0	0	0
6.所羅門四組	＋	＋	＋	＋	＋	＋	＋	0	0	0

Unit 10-6
經典實驗研究

圖解研究方法

可曾經歷過愈擁擠愈煩躁的感受，或是當權力運用在控制時，會產生什麼令人驚訝的影響？以下介紹經典的實驗研究，提供讀者參考。

一、人口密度與社會病態

Griffit 和 Veitch（1971）曾進行了「悶熱及擁擠：人口密度及溫度對人際情感行為的影響」研究。該研究小組從美國暴亂（預防）局（U.S. Riot Commission）的研究中，得知大多數的犯罪行為均發生在擁擠的環境、悶熱的日子。因此建立了他們的研究問題及假說：人口密度會對人類造成傷害。

在Griffit等人的研究中，樣本是隨機指派到八個不同實驗情況中。所有受測者的穿著都一樣，並被告知：實驗的目的在於在不同環境情況下，研究其感受。受測者在「人際評估表」中，勾選陌生人受歡迎的程度。

Griffit等人是以實驗方式來進行研究。他們將受測者（被實驗者）安排在實驗室中（七呎寬、九呎長、九呎高），每次安排多少人進去，就等於控制了人口密度。但是負社會效應（例如：殘暴性等）要如何測量？Griffit等人利用「人際判斷表」來測量侵略性，以檢視受測者對於一個陌生人（是扮演的）的態度。他們認為，在高密度環境中，如果受測者對陌生人表現出厭惡感，就表示人口密度造成了侵略性。同時，他們相信悶熱情況和人口密度一樣，也會影響侵略性。因此，他們使用八個不同組合，並選擇堪薩斯大學修基本心理學的121位男女學生做為樣本。

Griffit的分析結果顯示，在人口密度愈高的地方，覺得陌生人愈不具吸引力。Griffit等人的研究發現可以支持及假說「人口密度愈高，侵略愈高」。

二、權力的影響

在有關權力的影響方面，一個相當有名的實驗是由金巴度（Zimbardo, 1972）所進行的。金巴度與其同僚僱用一群人來進行實驗。這些人是受過中等教育、白種人、二十多歲的男性。實驗中任意挑選一半的人充當監獄的獄吏，其他的一半人則扮演犯人的角色。整個實驗是在史丹福大學心理實驗大樓地下室進行。

金巴度運用相當多的技術，讓參加實驗的人能進入囚犯實驗的心理狀態。這些「囚犯」的權力被剝奪，行為受到「獄吏」控制，穿著囚衣並依「獄吏」的命令行事。此實驗產生令人驚訝的結果。金巴度注意到「獄吏」很快變得具有攻擊性，而「犯人」變得非常被動。時間愈久，現象愈明顯。實驗進行第五天，來了一個「獄吏」，獄方要他扮演一個溫和而不具攻擊性的角色，要他去說服一個絕食的「犯人」進食。不幸的是，在進行過程中，這個「獄吏」愈來愈表現出虐待狂，這與獄方要他扮演的角色明顯起了衝突，角色衝突的結果使他非常消沉。

經典實驗研究

人口密度 ◀▶ 社會病態

Griffit等人是以實驗方式來進行研究

⬇

他們將受測者（被實驗者）安排在7呎寬、9呎長、
9呎高的實驗室中測量：
1. 人口密度：每次安排多少人進去上述實驗室中，
　　就等於控制了人口密度。
2. 負社會效應：利用「人際判斷表」（Interpersonal
　　Judgment Scale）來測量侵略性，
　　以檢視受測者對於一個陌生人（是扮演的）的態度。

⬇

在高密度環境中，如果受測者對陌生人表現出厭惡感，
就表示人口密度造成了侵略性；悶熱的情況也會影響侵略性。

● 權力的影響 ●

金巴度與其同僚僱用一群人來進行實驗

⬇

一半人充當獄吏，一半人扮演犯人

⬇

實驗產生令人驚訝的結果

「獄吏」很快地變得具有攻擊性，而「犯人」變得非常被動。時間愈久，此
種現象愈明顯。

獄吏侮辱囚犯，並威脅他們。前者具有相當大的威脅性，並用手杖、滅火槍之類
的東西去逼他們遵守秩序。凡此之類，無所不用其極……從實驗的第一天開始，
獄吏作威作福的虐待傾向就與日俱增。

⬇

實驗進行第5天，獄方要一個新來的「獄吏」扮演溫和
而不具攻擊性的角色去說服一個絕食的「犯人」進食。

⬇

但在進行過程中，這個「獄吏」愈來愈表現出虐待狂。

⬇

這與獄方要他扮演的角色明顯起了衝突。
角色衝突的結果，使得新「獄吏」變得非常消沉。

第四篇

質性研究方法

第 **11** 章
觀察研究

●●●●●●●●●●●●●●●●●●●●●●●●●●●●●● 章節體系架構 ▼

Unit **11-1**
了解觀察研究

觀察研究（observation research）是了解非語言行為（nonverbal behavior）的基本技術。雖然觀察研究涉及到視覺化的資料蒐集（用看的），但是研究者也可以用其他的方法（用聽的、用摸的、用嗅的）來蒐集資料。

一、觀察研究的優點

(一)深入的了解行為：在蒐集有關非語言行為的資料方面，觀察研究顯然優於調查法及實驗法。雖然在揭露被觀察者（受測者）對於某種課題的意見方面，調查法會優於觀察研究，但研究者在詢問受測者有關他們的行為時，就會遇到各種困難。但是觀察者與被觀察者之間所產生的情誼，會破壞研究的客觀性，而造成「當局者迷、旁觀者清」的現象。

(二)自然環境：觀察研究的另外一個優點，在於行為發生在自然環境之中，實驗法（依賴人工環境）、人員調查法（只侷限於幾個問題的口頭回答）都會影響資料蒐集的正確性。但是，在觀察研究中，由於陌生人（觀察者）的出現、記錄錯誤等，也會造成研究偏差。

(三)縱貫面分析：這是指觀察者在被觀察者的真實環境，做長期的觀察研究。這樣的話，研究者可以觀察行為的趨勢，以及不同時點的行為變化。

二、觀察研究的缺點

(一)缺乏控制：由於觀察研究在自然環境下進行，因此研究者對於外在變數的控制力微乎其微。

(二)量化的困難：觀察研究所蒐集的資料通常是質性資料，因此不易進行量化分析。同時，它並不是預先定義好一個特性（例如，偏見、忠誠），再用量表來加以衡量，而是在行為發生時加以記錄。由觀察所獲得的資料，在某種程度上，還是可以量化的。但量化的技術通常只侷限於頻率、比例。

(三)資料難以彙總：一般而言，觀察研究所用的樣本數比調查法少，但比實驗法多。如果被觀察者的數目很多，而必須聘用若干個觀察員時，則觀察員之間所蒐集的數據很難加以比較，同時對於非結構性觀察的效度，也沒有簡易的測量方法。

(四)獲得同意的困難：觀察研究的環境可能是政府機構、工廠的裝配線或地區性的福利機構，在多數情況之下，研究者不易獲得同意進行研究。如果用參與式觀察，在做記錄時，會引起他人的懷疑及戒心。

(五)缺乏隱私性：如果透過匿名的問卷調查，多少可以獲得某些資料。這些資料包括了羞於啟口的個人行為。但是，使用觀察研究的話，就無法觀察得到。

了解觀察研究

 觀察研究涉及範圍 → 主要是視覺化的資料蒐集 → 其他是用聽的、摸的、嗅的等方法來蒐集資料

觀察研究2種主要類型

1. 參與式（participant）

→ 在參與式觀察中，研究者是待觀察的某一活動的參與者，他（她）會隱瞞他（她）的雙重角色，不讓其他的參與者知道。例如：要觀察某一政黨活動的參與者，會實際加入這個政黨，參加開會、遊行及其他活動。

2. 非參與式（nonparticipant）

→ 在非參與式的觀察中，研究者並不參與活動，也不會假裝是該組織的一員。

觀察研究3優點

 1 深入的了解行為 **2** 自然環境

 3 縱貫面分析（longitudinal analysis）

觀察研究5缺點

1. 缺乏控制

2. 量化的困難

→ 由觀察所獲得的資料，在某種程度上，還是可以量化的。但是，量化的技術通常只侷限於頻率、比例。例如：觀察者可計算被觀察者（如白人、黑人）的談話、握手次數。

3. 資料難以彙總

4. 獲得同意的困難

5. 缺乏隱私性

Unit **11-2**
觀察研究的類型

　　我們可用「環境的結構化程度」（分為自然環境及實驗室環境），以及「研究者加諸於環境的結構化程度」（分為結構化、非結構化），將觀察研究加以分類如右圖所示。結構化的作法是研究者會去觀察、計算某些特定行為發生的次數；而非結構化的作法是研究者並不特別去觀察某種行為，只是記錄一天中發生了什麼行為。值得注意的是，這四種類型都可以是參與式或非參與式的觀察。

一、非結構化現場研究

　　非結構化現場研究是觀察研究的四種類型中（右圖第1格），最不具結構性的研究。現場研究是在自然環境之下，進行參與式的觀察（在大多數的情況下），觀察者對於環境的改變能力微乎其微。觀察者企圖成為次文化（即其所研究的群體）的一部分，因此現場研究有時與種族統計研究不分軒輊。

二、非結構化實驗室研究

　　右圖第2格即是非結構化的實驗室研究。觀察研究的主要優點，在於不先設定行為類別，隨著情況發生再加以觀察及記錄，透過被觀察者的行為去看現象。這種非結構化的觀察研究，非常適合在真實世界的環境中進行，但通常需要一段相當長的時間。

三、結構化現場研究（半結構化研究）

　　半結構化研究是在自然的環境之中，利用結構化的觀察工具，如右圖第3格所示。半結構化研究結合了結構化及非結構化研究的優點（能夠量化、自然環境），但不免有其缺點。

四、結構化實驗室研究

　　前述的場地研究是完全非結構化的；它沒有事先建立好的假說，也沒有結構化的測量工具。它發生在自然的環境之下，並沒有對資料加以量化。與此截然不同的是右圖第4格的例子。完全結構化的實驗室研究，是利用標準化的測量工具，企圖驗證某些假說。其測量工具是待觀察項目的清單，而不是問卷。

　　為了要使研究者對於隸屬於不同觀察類別的成員（被觀察者），在不同時點上所蒐集到的資料可以比較，這些類別的成員要愈類似愈好。要做到這點，要將實驗室標準化，以使得實驗室情況保持不變。因此，所待研究的對象（依變數）假設不受人工環境的影響，也不受被觀察者的特性（例如：年齡、性別、膚色等）所影響。換句話說，所有不可控制的變數均假設對於待研究的行為均毫無影響。

觀察研究4類型

1 非結構化現場研究（unstructured field study）

2 非結構化的實驗室研究（unstructured laboratory study）

3 結構化現場研究（半結構化研究，semistructured study）

4 結構化實驗室研究（structured laboratory study）

完全結構化研究中，最有名的是貝爾斯（Bales,1950）對群體互動的研究。貝爾斯認為，涉及到做決策及問題解決的群體，都會有某種形式的、可以預測的互動行為。

環境的結構化程度

研究者加諸於環境的結構化程度 ➡

	自然	實驗室
非結構化	**1** 非結構化現場研究	**2** 非結構化實驗室研究
結構化	**3** 結構化現場研究（半結構化研究）	**4** 結構化實驗室研究

知識補充站

行為單位觀察研究（behavior unit observation, BUO）

Sears, Rau and Alpert（1965）所針對育幼院兒童的行為單位觀察研究，可說是半結構化研究的典型例子。他們先設計出一個描述行為類別的核對表，再對幼童的行為加以觀察及記錄。這個核對表共有二十九項、五大類。這五大類別是：1.成人角色；2.依賴性；3.反社會的侵略性（例如：言詞上、生理上的侵略性）；4.依順社會的侵略性；5.自我刺激（例如：身體感官上的自我刺激）。此外，觀察員也替每位幼童記錄了：1.在育幼院的位置（總共區分了45個地點）；2.該兒童是單獨的，還是和別人在一起；3.行為類別的標的（只針對成人角色、侵略性及依賴性這三類做記錄）；4.老師是否在場（只針對侵略性這項做記錄）。

BUO研究僱用了四位觀察員，前後共進行七週。每位觀察員針對一位兒童的每一次觀察時間是10分鐘，在這10分鐘內，每隔30秒要對該兒童的行為做成記錄。所蒐集到的資料，是依每個兒童在每個類別上的次數加以彙總，並計算其平均數。當觀察員在記錄個人的行為時，會有所謂的「暈輪效應」（halo effect）發生。一般人常容易犯「類化」或「以偏概全」的錯誤，或是從對某人的某一個屬性的判斷，來推論此人的其他屬性，這就是人事心理學上所說的「暈輪效應」。

Seltiz（1976）曾說過：「如果一個觀察員認為某人很害羞，同時他認為害羞的人的適應能力很差，他就會將這個人評定為害羞、適應力差的人。」不幸的是，暈輪效應是人之常情，很難避免，尤其是對於界定不清楚、不易觀察、涉及道德的特性及行為更是如此。研究者應確實的了解暈輪效應的可能性，並定期監督觀察員，以檢視有無暈輪效應的發生，儘量使它減少到最低程度。

Unit **11-3**
間接觀察

直接式的觀察研究的優點，在於研究者在事件的發生時，可以目睹第一手情況，而不必仰賴他人做第二手的描述。但是，在有些場合中，研究者無法做直接的觀察，例如：被觀察者過世了、退隱了，或者有頭有臉的人不願意隱私被侵犯，或者在行為發生之後，研究者才有機會（或才能夠）發現那個行為等。此外，在有些情況之下，研究者並不願意在現場做觀察或進行訪談，因為他怕這樣會影響到被觀察者的行為，也就是會產生反應誤差的現象。

一、隱藏式研究的產生

為了剔除反應誤差，學者發展了所謂的隱藏式研究（unobtrusive research）或非反應式研究（nonreactive research），在這些研究中，研究個體（被觀察者）根本不知道研究正在進行，因而其行為不會變得矯揉造作。隱藏式研究有許多技術，包括文件研究（document study）、透過單面鏡直接觀察等，但最為普遍的是間接觀察。

隱藏式研究最適合用於觀察一個特定的對象，此時研究者會使用若干個方法，並以某一個方法來驗證另一個方法的正確性。例如：研究者可能進行一項調查，研究種族歧視的問題，經過資料分析之後，發現所有的受測者所報告的種族歧視程度都很低。此時，研究者可能再進行隱藏式研究（可以利用隱藏式照相機），來觀察這些研究個體在與少數民族交談時的反應。

二、間接觀察的類型

(一)磨耗衡量：就是衡量材料耗損的情形。例如：研究者以美術館內地板耗損的情況，來判斷哪一個美術作品比較受到歡迎；或者研究者以圖書館藏書的自然耗損情況，來研判哪些書最受到讀者的喜好；或者研究者以兒童所穿運動鞋磨損的情況，來研判其活動的程度。

(二)添附衡量：就是以泥土堆積的情況，來研判動物的行為。這種作法在考古學、地質學被應用得相當廣泛。研究者可藉著垃圾桶中的丟棄食物，來研究現代人的飲食習慣。

在有關添附衡量的研究中，我們比較熟悉的是警察辦案的方法。例如：警察利用嫌犯的鞋子或衣服上的泥土，來判斷他（她）的行為。研究者也曾以不同的指紋數，來判斷閱讀某個雜誌廣告的人數。

其他有關添附衡量的研究，包括判斷城市的酒類消耗量、判斷某人受歡迎的程度、研判電視節目受歡迎的程度，以及研判博物館中哪一個作品會比較受到兒童的喜歡等等。

間接觀察

間接觀察還包括了追蹤過去行為的蛛絲馬跡。我們應該已經很熟悉這種形式的間接觀察，因為警察辦案就是利用這種作法，他們從蛛絲馬跡中尋找犯罪的證據。現代的犯罪學可藉著血液的化學分析，以及其他形式的汙漬、土壤分析，來判斷嫌疑犯的行凶地點——這樣的作法好像是「重新創造」了大部分的過去行為。這種偵探式的作法，也曾被應用在社會科學的研究領域，雖然，相對而言並不太普遍。

Webb（1966）等人將追蹤分成2類

1. 磨耗衡量（erosion measures）

就是衡量材料耗損的情形。

2. 添附衡量（accretion measures）

就是以泥土堆積的情況，來研判動物的行為。其他有關添附衡量的研究，包括以下幾點：

①研究者以某城市的垃圾桶中的酒瓶數，來判斷該城市的酒類消耗量。
②研究者以五彩紙的數量，來判斷某人受歡迎的程度。
③研究者以在電視廣告時，水位的降低程度，來研判該電視節目受歡迎的程度（如果電視節目受歡迎，很少人會在節目進行時去上洗手間）。
④研究者以玻璃上的鼻印，來研判博物館中哪一個作品會比較受到兒童的喜歡（作品四周是以玻璃圍起來，兒童在觀看比較具有吸引力的作品時，會不由自主的把臉貼在玻璃上）。同時，根據鼻印也可以判斷兒童的年齡（根據鼻印的高度）。

知識補充站

網路行為的觀察：Cookies

乍看之下，Internet好像很有隱密性，讓你在匿名的情況下從事各種活動，但是實際上，電子郵件、聊天室、新聞群組等都會讓你在不經意的、毫不知情的情況下，透露你的個人資訊。但是到目前為止，法律對於什麼是個人資訊、私有資訊，並沒有明確的規定。你每次上一個網站，或參與新聞群組的討論，在你的硬碟中就會產生cookies檔案來合法的記錄你的上網行為，用來做為事後再度造訪時的紀錄及提醒之用。綜合及分析以前的造訪紀錄，網站就可以了解你的偏好，進而提供個人化服務。然後，這些網站或線上查稽服務公司（如WebTrack、DoubleClick）就會將這些cookie檔案的資訊銷售給第三廠商。更嚴重的是，Internet及WWW已成為駭客詐欺的溫床。

Cookies檔案的利用原本是善意，但是卻被許多不肖網站用來從事違背資訊倫理的事情。如欲刪除Cookies檔案，可以利用瀏覽器的功能（在IE中，按[工具]、[網際網路選項]）、控制臺中的「網際網路選項」，或者利用像Ad-aware這樣的軟體。

Unit **11-4**
經典的觀察研究之一

　　高階主管是如何分配他的時間及做決策呢？尤其在一個龐大的組織中，如何精、準、快的做出正確的決策，有研究顯示，資訊系統在高階主管做決策上扮演一個相當重要的角色。以下分三單元介紹經典的觀察研究，提供讀者參考。

一、閔茲柏格對高級主管的研究

　　閔茲柏格可說是研究主管資訊需求的鼻祖。他發現主管們的時間都被處理公文、打電話、臨時會議、例行會議，以及拜訪客戶五項活動所占據。

　　在他的研究中，他強調，資訊系統在溝通上扮演一個相當重要的角色。詳言之，透過資訊系統來傳遞資訊可代替許多無謂的口頭溝通。他也強調，快速而有效率的獲得資訊，比口頭溝通來得更重要。

　　閔茲柏格（Henry Mintzberg, 1973）曾花費了五週的時間，對五位企業高階主管做深度的觀察，獲得了以下的結果：

　　(一)角色：管理者扮演著十種不同但卻密切相關的角色。每一個角色的重要性及扮演每個角色的時間投入，係依工作性質的不同而異。這十種角色可分成人際角色、資訊角色，以及決策角色三大類。

　　(二)職掌：高階管理者的主要責任是為了整個企業的福祉向董事會負責，和任何管理者一樣，他們的主要任務就是透過他人的努力來達成企業的目標。因此，高級主管的工作是多元化的，是以組織整體的目標為導向的。他們的任務會隨著組織的不同而異，如欲了解他們的任務，就必須要對他們的任務、目標、策略及其他的重要活動加以分析。任何高級主管都必須以整體觀點來經營企業，在企業目前與未來的需求中取得平衡，並且做最後的、最有效的決策。

　　(三)工作特性：高階管理者的工作特性有二，一是這些工作極少是具有連續性的；換句話說，大多數高級主管的工作都是簡短斷續的、變化多端的、歧異紛雜的。在他們的工作中，有半數是在九分鐘之內完成的，只有十分之一的活動會超過一小時的時間。事實上，高級主管很少能夠或願意在任何事情上花費太多的時間。二是工作的重要性，例如：遴選某事業單位的適任主管等，因此他們需要廣泛的能力與特別的氣質，他們需要分析與權衡各種可行方案的能力，他們需要處理抽象的構想、概念的能力；除此之外，他們還要了解員工、關懷員工。

　　由於高階管理者的工作有上述兩個特性，因此會產生將先前未經規劃的空餘時間，用在「干預」製造、行銷、會計、工程等方面的每日活動，或者會以自己的能力、經驗及特質，來界定其工作範圍及責任。如果董事會未能明確界定高階主管的主要責任及活動，那麼可能會因此忽略某些重要工作而產生潛在危機。

經典的觀察研究

閔茲柏格對高級主管的研究

主管們在5種活動的時間分配比例

1. 處理公文 ➔	22%
2. 打電話 ➔	6%
3. 臨時會議 ➔	10%
4. 例行會議 ➔	59%
5. 拜訪客戶 ➔	3%

閔茲柏格曾花費了五週的時間，對五位企業高級主管做深度的觀察，獲得以下結果：

1. 角色

管理者扮演著十種不同但卻密切相關的角色。這十種角色可分三類：

①**人際角色**➔扮演頭臉人物、領導者及聯絡者的角色。
②**資訊角色**➔扮演監督者、傳播者、發言人的角色。
③**決策角色**➔扮演企業家、干擾處理者、資源分配者、協調者的角色。

2. 職掌

高階管理者的主要責任是為了整個企業的福祉，向董事會負責。

3. 工作特性

①這些工作極少是具有連續性的　＋　②工作的重要性

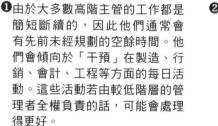

因此會產生這樣現象

❶由於大多數高階主管的工作都是簡短斷續的，因此他們通常會有先前未經規劃的空餘時間。他們會傾向於「干預」在製造、行銷、會計、工程等方面的每日活動。這些活動若由較低階層的管理者全權負責的話，可能會處理得更好。

❷高階主管通常會以他們自己的能力、經驗及特質，來界定其工作範圍及責任。如果董事會未能明確界定高階主管的主要責任及活動，那麼可能會因此忽略了某些重要的工作，而產生潛在的危機。如果到危機浮現檯面時才「覺悟」，可能僅是亡羊補牢，為時晚矣。

Unit 11-5
經典的觀察研究之二

　　大多數針對管理者的研究都是集中在他們可觀察的行為上，極少研究會針對管理者的行為背後所隱藏的思考問題。因此，管理者的內心世界常被視為是一個黑箱。以下是艾森柏格對「主管們如何思考」的研究，以及麥克李德對於管理者的研究的主要結論，提供讀者參考。

二、艾森柏格對「主管們如何思考」的研究

　　哈佛大學教授艾森柏格（Daniel J. Isenberg）曾花費二年的時間，針對十幾位主管進行有關思考過程的研究。他想要深入了解主管們對於運用思考的看法。

　　(一)主管們想什麼：艾森柏格發現，主管們會廣泛的思考二類問題，即如何完成事情以及在錯縱複雜的各種問題中，如何專注於最關鍵的幾個問題。在思考「如何完成事情」這方面，他們所比較關心的是在促使（或責成）部屬解決問題時，所可能產生的組織及個人問題，而比較不關心特定的解決方案是什麼。

　　雖然在任何時點，主管們所面對的問題會「如排山倒海而來」，但是他們所專注的只是幾個主要的關鍵問題。例如：「顧客永遠是對的」、「鐵的紀律」等。

　　(二)解決問題時的思考過程：艾森柏格也發現，主管們在思考問題時，會先思考如何解決這個問題，然後再想到各種可能的解決方案。他們常常會跳過「問題界定」這個階段。主管們當然也會做理性決策，但是未必一定按照理性決策的順序。在解決問題之過程的各個階段，主管們會利用直覺來做判斷。由於主管們所解決的問題其特性是非結構性的（unstructured），所以，直覺及經驗扮演著相當重要的角色。

　　(三)漸進主義：漸進主義（incrementalism）的決策方式和理性的決策方式是相反的。漸進主義的決策方式是在做決策時，決策者會有一個約略的方向（並不是明確的目標），並且會不斷比較各種可行方案；換句話說，他（她）是「走一步、看一步」的。這種方法與其說是一種理智的程序，倒不如說是碰碰機會的方式，因此決策者是擅於調適的人，但在調適的過程中自有其目的。

三、麥克李德的研究

　　麥克李德（Raymond McLeod）對於管理者的研究的主要結論如下：

　　(一)有多少資訊會到達高級主管：在他們所進行的二週研究期間，主管們及其祕書們共累積了1,454個資訊交易（information transactions）。所謂資訊交易包括了各種媒介，即電腦報告、備忘錄、拜訪客戶、打電話、寫信、開會等。筆者認為，我們若以溝通媒介（communication media）代替資訊交易來說明的話，更能清晰易懂。主管們每天平均的資訊交易次數是29次。當然主管之間的資訊活動次數不盡相同，而且就某位主管而言，每天的資訊交易也不盡相同。

經典的觀察研究

艾森柏格對「主管們如何思考」的研究

1. 主管們想什麼？

①如何完成事情→關心的是在促使部屬解決問題時，所可能產生的組織及個人問題。

②如何在錯縱複雜的各種問題中，專注於最關鍵的幾個問題→例如：顧客永遠是對的、鐵的紀律等。

2. 解決問題時的思考過程

①先想如何解決這個問題

↓

✕ 常會跳過「問題界定」這個階段

↓ 利用直覺及經驗來做判斷

②再想到各種可能的解決方案

3. 漸進主義

決策者會有一個約略的方向，並且會不斷比較各種可行方案。

麥克李德的研究

麥克李德的研究對象只有五人，分別為零售連鎖店的高級主管、銀行的高級主管、保險公司的總經理、財務機構的副總經理，以及稅務服務機關的副總經理。研究問題如下：

1. 有多少資訊會到達高級主管？

主管們每天平均的 資訊交易 次數是29次。

包括電腦報告、備忘錄、拜訪客戶、打電話、寫信、開會等各種媒介。

2. 資訊的價值是什麼？ **3. 資源的來源是什麼？**

4. 傳遞資訊的主要媒介是什麼？ **5. 資訊是如何被使用的？**

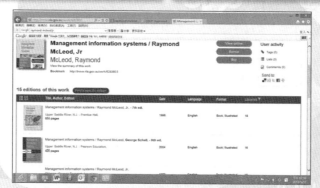

麥克李德的著作（網址：http://trove.nla.gov.au/work/6283803）

Unit 11-6
經典的觀察研究之三

麥克李德的研究發現，高階主管利用資訊來進行協調的情形最少。這點和閔茲柏格的看法不謀而合，他認為高階主管很少參與協調的活動。

三、麥克李德的研究（續）

(二)資訊的價值是什麼：主管們被要求就每個資訊交易做評分，0代表無價值，10代表最大價值。研究結果發現，在五位主管中，價值為0、1或2的資訊交易占總資訊交易次數的26%；價值為9、10的交易僅占6%。

(三)資源的來源是什麼：研究來源分為外界環境、上一階層、下一階層、下二階層、下三階層、下四階層、委員會及內部支援單位（及個人），詳細的數據如右頁表一所示。從該表我們可以了解，主管們的資訊來源以外界環境所占的比例最大，但是其平均價值卻是最低。

(四)傳遞資訊的主要媒介是什麼：如右頁表二所示，文書式的媒介占各媒介交易次數的61%，在口頭溝通中，電話溝通占了最大比例（即21%）。主管們控制最小的溝通媒介（信件、備忘錄及電話）占了各溝通活動總數的60%。而右頁表三列出了主管們所認為各溝通媒介的價值，我們可以發現，主管們認為口頭式溝通最具有價值；電話、商業午餐這兩個口頭溝通媒介的平均價值低於文書式溝通媒介。

(五)資訊是如何被使用的：在這方面，他們的研究重心在於主管利用資訊來扮演其角色的情形。如右頁表四所示，主管們利用資訊來處理干擾、扮演企業家角色及分配資源的百分比最高。利用資訊來進行協調的情形最少。這項發現和閔茲柏格的看法不謀而合，他認為高階主管很少參與協調的活動。

小博士解說
卡特的議程及網路研究

哈佛大學教授卡特（John P. Kotter）認為主管在克服工作上的挑戰時，常會採取三階段策略。首先，他們會建立議程（agendas），也就是企業所要達成的目標。長期議程通常都是用估算的方式來做，例如：估計（或建立一個粗略的概念）五年、十年或二十年後公司要銷售什麼產品，短期議程則是比較明確、特定，例如：公司現在各產品所要獲得的市場占有率。第二，主管們會建立網路（network）。這裡所謂的網路並不是電腦網路，而是與實現議程的志同道合者所建立的合作關係。在企業內外可能會建立有數千種不同的網路。第三，主管們會建立一個有關常模或規範（norm）及價值的適當環境，以使得網路成員能夠眾志成城的實現議程。

經典的觀察研究

麥克李德的研究

1. 有多少資訊會到達高級主管？

主管們每天平均的資訊交易次數是29次。

2. 資訊的價值是什麼？

0代表無價值，10代表最大價值

研究結果發現→
1. 價值為0、1或2的資訊交易占總資訊交易次數的26%。
2. 價值為9、10的交易僅占6%。

3. 資源的來源是什麼？

表一　資訊來源

資訊來源	占總活動的%	平均交易價值	資訊來源	占總活動的%	平均交易價值
①外界環境	0.43	3.8	⑤下三階層	0.06	4.3
②上一階層	0.05	5.2	⑥下四階層	0.02	4.4
③下一階層	0.2	5.2	⑦委員會	0.02	7.5
④下二階層	0.1	5.3	⑧內部支援單位	0.13	4.6

資料來源：修正自Raymond McLeod, Jr. *Management Information Systems*, 6th ed.,（Englewood Cliffs, New Jersey: Prentice-Hall Inc., 1995），p.512.

4. 傳遞資訊的主要媒介是什麼？

表二　各溝通媒介占總溝通媒介的百分比

名稱		百分比
①口頭溝通媒介	❶商業午餐	2
	❷電話	21
	❸拜訪客戶	3
	❹例行會議	5
	❺臨時會議	6
②文書式媒介	❶電腦報告	3
	❷非電腦報告	9
	❸信件	20
	❹備忘錄	19
		100

表三　溝通媒介的價值排序

媒介	方式	平均價值
①例行會議	口頭	7.4
②臨時會議	口頭	6.2
③拜訪客戶	口頭	5.3
④社會活動	口頭	5.0
⑤備忘錄	文書	4.8
⑥電腦報告	文書	4.7
⑦非電腦報告	文書	4.7
⑧信件	文書	4.2
⑨電話	口頭	3.7
⑩商業午餐	口頭	3.6
⑪期刊	文書	3.1

資料來源：Raymond McLeod, Jr. *Management Information Systems*, 6th ed.,（Englewood Cliffs, New Jersey: Prentice-Hall Inc., 1995），p.512.

5. 資訊是如何被使用的？

表四　資訊是如何被使用的

角色	扮演決策角色所使用資訊的%	平均價值	角色	扮演決策角色所使用資訊的%	平均價值
①企業家	32	4.8	④干擾處理者	42	4.6
②協調者	3	3.8	⑤未知	6	1.1
③資源分配者	17	4.7			

第12章

質性研究

●●●●●●●●●●●●●●●●●●●●●●●●●●●●●●●●●● 章節體系架構 ▼

Unit 12-1
了解質性研究

1970年代以前，質性研究技術只是被應用在人類學、社會學的研究議題上。之後，質性研究才逐漸地被應用在其他學術領域的研究上，例如：教育研究、社會工作研究、資訊研究、管理研究、護理服務研究、心理研究、大傳研究等。在企業研究領域，以質性研究技術來探討相關課題（例如：新產品概念、產品定位、廣告文稿）也有愈來愈多的趨勢。

一、意義

質性研究（qualitative research）又稱定性研究，其目的在於對真實世界的現象，加以探索、說明、解釋，或者揭露目標對象（受訪者）的某些心理因素、對某特定主題的看法及其行為。質性研究是針對小群體，使用深度研究（in-depth research）的方式來獲得研究成果（建立具有創意的研究命題、發展新理論）。

質性研究源自於社會學、行為科學（例如：人類學、心理學），今日，在企業研究（尤其是行銷研究）也使用許多質性研究技術，例如：個人深度訪談、焦點團體、參與式觀察、線上技術（例如：視訊會議、新聞群組）等。

二、近年發展

過去二十多年來，在量化研究方法日新月異的同時，質性研究方法也有長足的進步，舉其犖犖大者如下：1.研究素材的日益豐富，除了在社會過程中自然產生的素材（例如：會話交談、文檔、日記、敘事、自傳等）之外，還包括新型的多媒體資料（例如：圖像、聲音、視頻等）；2.分析方法更加多樣，除了比較傳統的、源自於語言學的方法（例如：內容分析、修辭分析、語意分析等）之外，社會學家也創造出自己獨特的方法，顯然使得質性研究更具有系統性、精確性、嚴謹性；3.研究過程更加客觀嚴謹，因為質性研究的一個主要問題在於研究者對於問題闡釋的主觀性，為了儘量消除研究者的主觀偏見，質性研究開始遵循嚴格的研究程序（或樣板、規則），並試圖加上量化分析中的代表性、信度、效度等概念，以期提升研究的客觀性、可信度；4.資料分析過程更加有效率，由於電腦輔助質性資料分析的湧現，使得質性研究的資料分析具有如虎添翼之效，目前市面上所有的二十多種CAQDA，都可以大量地節省研究者在資料編碼、處理的時間，使研究者可集中精力於推論與思考上，進而大幅提升質性研究的品質。

三、常用的質性研究方法

在企業研究中，常用的質性研究方法主要有個案研究、民族圖誌研究、扎根理論研究、焦點團體研究、行動研究。

質性研究的近年發展

1.研究素材的日益豐富

①自然產生的素材

例如：會話交談、文檔、日記、敘事、自傳等。

②新型的多媒體資料

例如：圖像、聲音、視頻等。

2.分析方法更加多樣

①傳統的、源自於語言學的方法

例如：內容分析、修辭分析、語意分析等。

②社會學家創造出自己獨特的方法

例如：扎根理論、事件結構分析、主題網路分析等。

3.研究過程更加客觀嚴謹

①開始遵循嚴格的研究程序。
②試圖加上量化分析中的代表性、信度、效度等概念。

4.資料分析過程更加有效率

由於電腦輔助質性資料分析（computer-aided qualitative data analysis, CAQDA）的湧現。

 知識補充站

質性研究的特性

質性研究如果設計嚴謹，可獲得量化研究所不能獲得的豐碩的、鞭辟入裡的研究成果。質性研究的特點如下：1.在焦點團體中，成員之間可自由互動，集思廣益，進而發掘潛在問題所在，或者問題的真正背後原因；2.以人員訪談或群體討論進行質性研究時，研究者（或輔導員）可動態調整討論的內容及方式（也就是具有動態調整性），以使得受訪者或參與者更積極的投入談話或討論；3.有機會觀察、記錄及解讀「非語言行為」（nonverbal behavior，如身體語言、音調），以了解受訪者的內心世界，挖掘表面知識。表面知識（surface knowledge）是從教科書中學習不到的；必須從經驗或經驗人士那裡才學習得到。

Unit 12-2
個案研究之一

個案研究法（case study research method）是以細膩的手法去記錄事情的本質與情節的脈絡；它是以實證的方式來探索真實世界之當代現象的方法。準此，企業個案研究法（business case study research method）是以實證的方式來探索商業世界之當代現象的方法。

個案研究依其所具備之探索性（exploratory）、描述性（descriptive）與解釋性（explanatory）的目標，而可以區分成探索式個案研究、描述式個案研究，以及因果式個案研究（又稱為解釋式個案研究）三種，由於內容豐富，特分兩單元說明之。

一、探索式研究

一般而言，在進行探索式研究（exploratory study）時，研究者不需要有研究問題，也不需要建立「暫時性或預擬的假說」，他的主要目的就是要去探索。當研究者對於在正式研究進行時所可能遇到的問題沒有清楚的概念時，最好先進行探索式研究。

二、描述式研究

描述式研究（descriptive study，或稱敘述式研究）指的是蒐集一個情況的有關資料，它可能是敘述一個情況、行為，或它們之間的連結。一個好的描述往往是科學研究的開始，而一些專門性的描述式研究則以單一變數來分析資料。例如：它的組成要素為何？其發生的頻率為何？這些都是要進行更高層研究的重要基礎。

在什麼情況下進行描述式研究？當研究者必須了解某些現象或研究主體的特性以解決某特定的問題時。

三、因果式研究

對因果關係所建立的假說需要比描述式研究更為複雜的方法。在因果式研究中，必須假設某一變數X（例如：廣告）是造成另一變數Y（例如：對於水族館的態度）的原因，因此研究者必須蒐集資料以推翻或不推翻（證實）這個假說。同時，研究者也必須控制X及Y以外的變數。

為方便讀者對因果式研究有進一步了解，茲將因果的概念、關係及其解釋說明如下：

(一)因果的概念：二個（或以上）的變數之間具有關係，並不能保證這個關係是因果關係（causal）。種瓜得瓜、種豆得豆就是典型的因果關係。

什麼是個案研究法？

1.
以細膩手法記錄事情
本質與情節脈絡

2.
以實證方式探索
真實世界

個案研究法的類別

1. 探索式個案研究：處理「是什麼（what）」的問題。

例如：什麼方法能夠提升員工的工作動機。

2. 描述式個案研究：處理「誰（who）」、「何處（where）」的問題。

例如：誰不會去參加年終尾牙。

3. 因果式個案研究：處理「如何（how）」與「為什麼（why）」的問題。

例如：何以某部門員工出勤率偏低、如何解決此問題。

3-1. 因果的概念：二個（或以上）的變數之間具有關係，並不
能保證這個關係是因果關係。

3-2. 因果關係：要證實X與Y有因果關係（X是造成Y的因），
必須滿足下列三個條件：

3-2-1. X 與Y 有關係存在。
3-2-2. 此種關係是非對稱性的。
3-2-3. 不論其他因素產生何種行動，X的改變會造成Y的改變。

我們可以用 必要條件 與 充分條件 來看因果關係。

如果除非X的改變，否則不會造成 Y的改變，那麼X是Y的必要條
件。如果每次X的改變都會造成Y的改變，那麼X是Y的充分條件。

概念延伸

① X是Y的 必要條件 ，但不是 充分條件

② X是Y的 充分條件 ，但不是 必要條件

③ X是Y的 必要條件 及 充分條件 。

Unit 12-3
個案研究之二

前文提到二個（或以上）的變數之間具有關係，並不能保證這個關係是因果關係。但是因果關係要如何證明呢？

三、因果式研究（續）

(二)因果關係：要證實X與Y有因果關係（X是造成Y的因），必須滿足下列三個條件：1.X與Y有關係存在；2.此種關係是非對稱性的，也就是說，X的改變會造成Y的改變，但是Y的改變不會造成X的改變；3.不論其他的因素產生何種行動，X的改變會造成Y的改變。

我們可以用必要條件（necessary condition）與充分條件（sufficient condition）來看因果關係。如果除非X的改變，否則不會造成Y的改變，那麼X是Y的必要條件。如果每次X的改變都會造成Y的改變，那麼X是Y的充分條件。

把上述概念加以延伸的話，會產生三種組合：1.X是Y的必要條件，但不是充分條件；2.X是Y的充分條件，但不是必要條件；3.X是Y的必要條件及充分條件。

(三)因果關係的解釋：

1.一致法：彌爾（John Stuart Mill）的一致法（method of agreement）：「當對某一特定現象之二組（或以上）的個案具有唯一的共同條件，則此條件可被視為是此現象的因」。

例如：如果我們要檢視為什麼大海工廠的員工在每星期一的缺勤率特別高，我們就針對缺勤率特別高的人分為二組來研究。如果我們發現這二組人只有在「屬於野營會的會員」（以C代表）這方面是相同的，其他在工作別（以A代表）、部門別（以B代表）、人口統計別（以D代表）、個人特性（以E代表）均不同，我們可以說「屬於野營會的會員」與缺勤率具有因果關係。右頁圖1說明了這個例子。

2.差異法：「如果有二個或以上的個案（變數），其中一個會產生Z現象，而另外一個不能；如果個案（變數）C存在，會產生Z現象；如果個案（變數）C不存在，不會產生Z現象，我們就可以斷言：C與Z之間有因果關係」。這種因果關係的推論方式，就是彌爾所謂的「差異法」（method of difference）。

例如：我們在探討顧客抱怨連連（以Z代表）的原因時，如果我們發現到，當小華是服務團隊的一員（以C代表）時，則顧客怨聲載道；當小華不是服務團隊的一員時，則顧客沒有抱怨。我們就可以斷言：小華是造成顧客抱怨的原因。右頁圖2說明了這個例子。

因果關係的解釋

致法

當對某一特定現象之二組（或以上）的個案具有唯一的共同條件，則此條件可被視為是此現象的因。

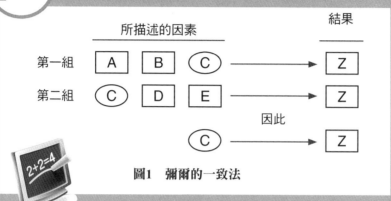

圖1　彌爾的一致法

差異法

如果有二個或以上的個案（變數），其中一個會產生Z現象，而另外一個不能；如果個案（變數）C存在，會產生Z現象；如果個案（變數）C不存在，不會產生Z現象，我們就可以斷言：C與Z之間有因果關係。

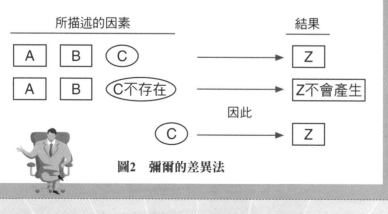

圖2　彌爾的差異法

Unit 12-4
民族圖誌研究

　　民族圖誌研究法（ethnography research）源自於人類學，主要是針對異族、異地的文化進行廣泛的觀察與描述。為了要獲得研究成果，研究者（尤指早期的研究者）必須要融入當地文化、學習當地語言，以便和當地居民進行社交活動（打成一片），進而「從裡面」了解他們的每日習慣、儀式、規範與行為。民族圖誌學涉及到現場觀摩，將某一民族的生活、民俗風情以圖畫與日誌記載下來。

一、現在的民族圖誌法研究

　　現在的民族圖誌法研究，其田野場域（field site，研究的現場實地）可以是任何地方，包括家居附近、熟悉之處等。在企業研究中，這些田野場域可包括正式或非正式組織、工作職場、城市社群、粉絲俱樂部、商展場所、購物中心、網際網路的聊天室等。同時，研究者也無需學習當地語言。研究對象也不再侷限於原始土著，而可針對特定的文化族群（如外省二代、客家人等）進行研究。

　　民族圖誌不論變得多麼「現代化」，其基本目的還是維持不變：觀察人們如何互動、如何和環境互動，以了解其文化。民族圖誌研究者的主要任務包括選擇獨特的文化地點、取得進入或接觸該場地的許可權，然後就置身於被觀察者的日常生活。民族圖誌研究者必須與被觀察者建立信任，如此才可望獲得豐碩的研究成果。研究者必須融入田野場域的文化脈絡，努力和主要消息來源人士（informant）、重要他人（significant others）建立起信任關係。民族圖誌研究工作者必須有相當程度的時間與精力投入。

　　街道民族圖誌學（street ethnography）是指發掘某個文化次級團體，描述他們在巷子裡混的生活世界，如美國的華青幫。民族圖誌法所強調的是觀察、參與；研究者或隱蔽或公開地長期參與研究對象的日常生活，觀察他們在場域中所發生的事情、聆聽他們說些什麼，並提出問題。

二、民族圖誌法的特色與分類

　　民族圖誌法具有下列四點特色，一是極為強調某特殊社會現象的本質，而不是對這些現象建立假說，然後再去驗證假說。二是傾向以「無結構性」的資料為主要研究材料。三是參與式的研究設計，融合了訪談與文件分析，並提供了進一步發展知識的可能性。四是研究者口語描述或詳細詮釋所觀察到的行為。

　　民族圖誌研究依照研究對象的數目多寡，可分為個體民族圖誌研究與總體民族圖誌研究。個體民族圖誌研究（micro-ethnography）的研究對象是少數的文化團體，例如：多國公司的女性執行長，而總體民族圖誌研究（macro-ethnography）的研究對象是較大範圍的文化團體，例如：多國公司的執行長。

民族圖誌研究

人類學 → **民族圖誌研究法**　主要是針對異族、異地的文化進行廣泛的觀察與描述。

現代民族圖誌法研究的田野場域

1. 正式或非正式組織
2. 工作職場
3. 城市社群
4. 粉絲俱樂部
5. 商展場所
6. 購物中心
7. 網際網路的聊天室……

民族圖誌法的研究目的

1. 觀察人們如何互動
2. 如何和環境互動，以了解其文化

民族圖誌法4特色

1. 極為強調某特殊社會現象的本質
2. 傾向以「無結構性」的資料為主要研究材料 → 在蒐集資料之前，並不對資料先規劃好如何編碼、如何分類。
3. 參與式的研究設計，融合訪談與文件分析
3. 研究者口語描述或詳細詮釋所觀察到的行為

知識補充站

民族圖誌法在管理上的運用

民族圖誌法應用在管理、組織上的研究課題，包括管理者行動、組織文化、人力資源管理實務、專業群體的互動、工作行為、勞工關係、工作者的情緒、性騷擾等。利用民族圖誌法來進行行銷研究的目的有二，一是了解行銷專業人員對於市場的看法；二是了解消費者對於品牌、服務品質的看法，以及這種看法的文化意涵。在進行這類研究時，研究者必須以行銷專業人員、消費者的觀點來看問題。

除了組織理論、行銷學之外，許多在會計、國際企業、小型企業、資訊管理這些領域的學者，也利用民族圖誌法來探討該領域的專業人員文化議題。企業也發現利用民族圖誌法來研究由於文化所導致的企業問題（如消費者、行銷、產品設計、人力資源管理、組織變革、國際企業管理、技術移轉等），是相當重要的事情。

Unit **12-5**
扎根理論研究

扎根理論（Ground theory）是由Glaser and Strauss（1967）提出的。扎根理論主張理論必須扎根於現場實地所蒐集到並加以分析的資料。為了建立理論，扎根理論提供了一套有系統的思考、將資料加以概念化的方式，透過理論抽樣，並對資料進行開放式編碼、主軸編碼和選擇性編碼等，來統整資料中的條件、脈絡、行動／互動和結果，試圖說明和理解許多存在於人類社會的複雜現象。

一、主要步驟

基本上，扎根理論研究法有兩個主要的步驟。第一是資料（data）的蒐集。研究者可從不同的來源取得，例如：訪談、觀察、文件、記錄和影片等。第二是程序的建立，也就是研究者用來詮釋和組織資料的程序（procedure），通常包括資料的概念化和縮減、依據其屬性與面向來推演出類別（category，亦稱範疇、類目、節點），並有系統地建立類別之間的關聯。最後，產生具有創意的命題或理論。此理論架構足以解釋一些與社會、心理、管理、教育或其他有關現象。

二、文本資料的解讀

我們在解讀文本資料時，可將其中的文句（某一字、某些字、某一行、某一段）進行編碼，也就是給予標籤，然後我們再將這些標籤集結成一個概念（concept）。對於一個概念（類別而言），屬性（attribute）是指此類別的一般性或特定性特徵，而面向（dimension）則代表著在屬性上的一個連續範圍內的落點。概念即是類別，擷取自資料中，代表著現象。因為類別代表現象，所以它也可能會有不同的命名，完全取決於研究者的視野觀點、研究主題、研究的情境脈絡。我們可將各個概念集結成（或統整成）更為抽象、涵蓋範圍更廣的概念；此時此概念就稱為類別，而原先的類別稱為次類別。次類別（subcategory）是藉著詳述現象於何時、何地、如何及為何發生等資訊，以促使某一類別更為明確具體。就像類別一般，次類別也有屬性與面向。在有系統地建立類別之間的關聯後，就可產生具有創意的命題或理論。

例如：我們將文本資料中的內容，分別建立了「留意流行訊息」、「產品特性與個人個性相符」、「投入大自然」、「重視休閒」、「喜歡戶外」、「喜歡聊天」、「勤做家事」這些標籤（進行編碼），然後將這些標籤集結成「追求時髦」這個概念（類別）。「追求時髦」這個概念不僅可讓研究者減少所處理的資料單位分量，也增加研究者在解釋與預測方面的能力。概念是資料分析的基礎，是理論的構成要素。所有分析步驟的目的，均在於辨認出概念、發展概念以及連結概念。

扎根理論研究

扎根理論的主張
理論必須扎根於現場實地所蒐集到並加以分析的資料。

有系統的思考、將資料概念化,透過理論抽樣,並對資料進行編碼,來統整資料中的條件、脈絡、行動/互動和結果,試圖說明和理解許多存在於人類社會的複雜現象。

建立扎根理論

扎根理論研究法的主要步驟

 資料的蒐集

 程序的建立

 除左文提到的「追求時髦」這個概念的文本資料解讀例子外,我們可以依照同樣方式,建立其他的概念(類別),例如:「社會關懷」、「傳統顧家」、「節約守法」、「居家安定」、「安逸滿足」這些概念。我們可把以上的各概念統整成「生活型態」,此時「生活型態」就是類別,而之前的各概念就稱為次類別。

 知識補充站

扎根理論研究法的應用
今日,扎根理論研究法的應用愈來愈廣,而且也成為個案研究法的主要研究方法論。在行銷研究上,研究者利用扎根理論研究法來探討消費者對廣告的反應,以深入了解廣告效果、消費者行為。扎根理論研究法也常被應用在組織研究、領導研究、策略研究、技術與組織變革研究。

Unit 12-6
焦點團體研究

　　焦點團體是由6～10人組成的團體，進行時間大約是1.5～2小時。主持人利用群體動力原則（group dynamics principles），就一個明確的主題來引導成員交換意見、感覺及經驗。這個方法源自於社會學，在1980年代曾廣泛的運用在行銷研究上，在1990年代幾乎各個不同的學術領域都會用到焦點團體技術。

一、焦點團體成員的同質性

　　焦點團體成員的同質性（homogeneity）要愈高愈好。例如：一項針對「營養建議」的研究，由消費者組成的焦點團體要與由醫師組成的焦點團體分開來，分別蒐集有關「營養建議」的資料。為什麼？因為具有同質性的人在一起，比較能夠激發熱烈的討論，產生自然且自由的互動。對消費者團體而言，研究者也要考慮到性別、種族、就業狀況、教育等這些因素上的同質性。由於大多數的焦點團體都要有同質性，因此研究者常透過成員去找他們的同事，或透過社區機構（如社區活動中心）去找「同國的人」。

二、新興的焦點團體技術

　　(一)電話式焦點團體：傳統的焦點團體技術是在一個特殊設計的舒適環境下，集合各成員以面對面的方式進行，但是近年來使用電話式焦點團體有愈來愈增加的趨勢。電話式焦點團體比面對面焦點團體可以節省40% 的費用。但是如果會議時間太長，可能會減低人們參與的意願。

　　(二)線上焦點團體：由於網際網路的普及，探索式研究可以用電子郵件、聊天室（chat room）、網路論壇（forum）、虛擬社群（virtual community）等方式來進行。如果能善用先進的通訊科技，都可以有效獲得寶貴資訊，且利用線上焦點團體比電話式焦點團體更為便宜。在新聞群組（news group）寄出一個主題會引發許多迴響與討論，但線上討論是毫無隱私性的，除非是在企業內網路進行。雖然網路論壇不太能代表一般大眾（如果所選擇的焦點團體是一般民眾），但從眾多網友中，還是可以從蛛絲馬跡中得到焦點團體成員的意見。

三、優劣點

　　作為探索式研究的工具，焦點團體基本上能很快的、很便宜的讓研究者掌握研究主題。焦點團體可使管理者、研究者了解焦點團體成員對研究主題的感受；參與者能盡情的、毫無拘束的表達他們的感受與意見，對研究者而言，可能會得到意想不到的收穫，更深入了解研究問題所在。但成員所表達的意見都是質性的，不易歸類及統計分析。再說，這些成員是否有母體的代表性，也是一個問題。

焦點團體技術

1980年代　曾廣泛運用在行銷研究上

▼

1990年代　幾乎各個不同的學術領域都會用到焦點團體技術

例如：在新產品發展及產品概念的測試上，透過焦點團體技術，研究者可以獲得一系列的產品概念，然後研究者就可以再將這些產品概念做數量化的測試。

焦點團體成員的同質性

1 同質性 ▁▁▁▃▅▆█ Good！

2 Why？因為具有同質性的人在一起，比較能夠激發熱烈的討論，產生自然且自由的互動。

新興的焦點團體技術

1. 電話式焦點團體

電話式焦點團體在以下情況下特別有效：

① 當愈來愈難找到所需要的成員時，這些成員包括菁英分子、專家、醫師、高級主管、商店老闆等。
② 當目標團體的人數不多或分住在不同地理區域時（如診所主管、名人、新產品的早期採用者、農會幹事）。
③ 當主題太過敏感、需要匿名但成員又必須包括各地區的人時（如傳染病患者、用二流產品者、高收入者、競爭者）。
④ 當焦點團體成員要有全國的代表性時。

2. 線上焦點團體

善用先進的通訊科技，如語音會議、視訊會議，都可以有效獲得寶貴資訊。

焦點團體的優點	**vs.**	焦點團體的缺點

焦點團體的優點
1. 能夠很快的、很便宜的讓研究者掌握研究主題。
2. 可使管理者、研究者了解焦點團體成員對研究主題的感受，進而更深入了解研究問題所在。

焦點團體的缺點
1. 成員所表達的意見都是質性的，不易歸類及統計分析。
2. 成員是否有母體的代表性也是問題。

Unit 12-7
行動研究

在研究方法論上，行動研究有八個主要的實施步驟，以下說明之。拉溫（Kurt Lewin, 1946）形容行動研究是循環進行的步驟，而每個過程都包括計畫、行動、觀察以及對行動成果的評估。從事行動研究者必須了解並實踐四個如右圖所示的流動環節（four moments），拉溫刻意讓行動和省思重疊，是要讓參與研究或行動的有關人員在付諸行動的同時就要省思。

一、發現問題

研究的問題通常為實際工作中所遭遇到的。

二、分析問題

對問題予以界定，並診斷其原因，確定問題的範圍。

三、文獻探討

以前人研究的經驗及結果，作為自己研究的參考。

四、擬定計畫

在計畫中應包括研究的目標、研究人員的任務分配、研究的假設及蒐集資料的方法。如有必要，可包括一項參與研究人員的基本研究技術講習。

五、蒐集資料

應用有關的方法，如直接觀察、問卷、調查、測驗等，有系統的來蒐集所需的資料。

六、批判與修正

藉著情境中提供的事實資料，來批判修正原計畫內容之缺失。

七、試行與考驗

著手試行，並且在試行之後，仍要不斷的蒐集各種資料或證據，以考驗假設、改進現況，直到能有效的消除困難或解決問題為止。

八、提出報告

根據研究結果提出完整的報告，但須注意本身研究資料的特殊性，以免類推應用到其他情境。

從事行動研究者必要的流動環節

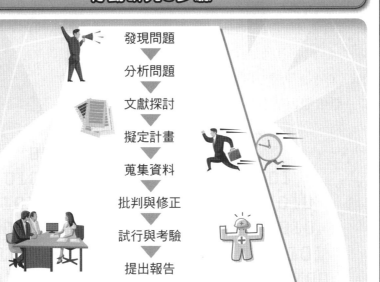

1 發展出一套計畫，改善既有狀況。

2 透過行動，以落實計畫。

流動4環節

3 觀察此行動在環境下所產生的效應。

4 針對效果做省思，並發展下一步的改善計畫。

行動研究8步驟

發現問題

▼

分析問題

▼

文獻探討

▼

擬定計畫

▼

蒐集資料

▼

批判與修正

▼

試行與考驗

▼

提出報告

 知識補充站

建構

如果研究的目的是要建立理論，研究的結果就要呈現出一組相互關聯的概念。所謂「建構」（constructed）是指研究者將多個案例資料簡化成概念和關係的陳述，而這些概念和陳述可以用來解釋所觀察到的現象。決定核心類別（core or central category）是統整工作的重要步驟，一個研究的核心類別代表該研究的主題，它也是一個抽樣的概念。核心類別就是濃縮所有的分析結果而得到的幾個字詞，而這些字詞就足以說明整個研究的內涵。

質性資料分析之一：內容分析法

圖解研究方法

內容分析（content analysis）又稱為文獻分析（documentary analysis）或資訊分析（informational analysis），是透過量化的技巧及質性分析，客觀地、系統性地對文件內容進行研究與分析，藉以推論產生該文件內容的環境背景及其意義的一種研究方法。

一、定義

內容分析是研究分析的工具，其將質性的資料轉化為量化資料後，進行分析的一種量化式分析法。而「內容」指的是資料的內容，資料來源不限，舉凡報章雜誌、具有研究價值的文稿均是。

內容分析曾被描述為「對傳播（溝通）的明確內容做客觀的、有系統的、數量化的描述的研究技術」。由於在這個定義中只包含了「明確內容」，所以最近有許多學者認為「溝通的內容」應包括明確的內容以及潛伏的內容（訊息的象徵性意義，symbolic meaning）。

二、單位體系的選擇

在以有系統的步驟進行內容分析時，首先要選擇「單位體系」（unitization scheme）。這些單位可能是按照造句法的（syntactical，文章構成法的）、指示式的（referential）、命題式的（propositional），或是主題式的（thematic）。

我們現在說明兩個比較常用的單位：指示式的單位（referential unit）、命題式的單位（propositional unit）。

指示式的單位可能是物體、事件、個人。一個廣告商可能將其產品指示為「古典式的」、「功能超強的」或「安全排行第一的」，這三個「指示」都代表著同一個物體。

命題式的單位會用到若干個參考架構。我們可用演員（actor）、行為模態（mode of acting）及物體（object）的關係來說明。例如：「此期刊的訂閱者（演員）會比零購者節省（行為模態）15元（行為的物體）」。

三、內容分析的優點

從大體上來看，內容分析所涉及的其他範圍包括了抽樣計畫的選擇、記錄及編碼規則的發展、對內容的推論及統計分析等。

內容分析可以避免造成選擇性知覺（selective perception）的情形，並易於進行電腦化的分析。

內容分析法

什麼是內容分析法？

內容分析是研究分析的工具，其將質性的資料轉化為量化資料後，進行分析的一種量化式分析法。

內容分析的單位體系

1 按照造句法的單位

2 指示式的單位：可能是物體、事件、個人

3 命題式的單位：可能會用到若干個參考架構

比較常用的單位

4 主題式的

內容分析法具有5大性質

1. 客觀性

內容分析的來源為依照現有的資料紀錄進行分析，即便研究者有所不同，資料也不會有所改變。

2. 系統性

內容分析法並不是單純地蒐集資料內容，而是有系統地將資料進行分類編目。

3. 量化性

內容分析法將質性資料內容轉為量化的數值（計量資料），以量變來推演質變。

4. 敘述性

從內容分析的量化數值，我們可以進一步進行歸納、推演出命題。

5. 顯明性

內容分析的資料必須和命題有明顯的推理關係。

Unit **12-9**
質性資料分析之二：扎根理論的資料分析

在運用扎根理論進行資料分析時，其程序包括開放式編碼、主軸編碼以及主題編碼（或稱選擇編碼）三個階段，以下說明之。

一、開放式編碼

用以界定資料中所發現的概念，以及其屬性與面向的分析歷程。

二、主軸編碼

關聯類別與次類別的歷程，稱為主軸（axial），因編碼係圍繞著某一類別的軸線來進行，並在屬性和面向的層次上來連結類別。

三、主題編碼

這階段是統整與精鍊理論的歷程。主題編碼的目的在找出核心類別，為了更快速地指認出核心類別和統整各個概念，研究者可借助撰寫故事線（story line）、運用圖表（diagram），以及檢視和編排備註（memo）這些技術。

質性資料分析軟體

隨著科技的日新月異，有許多質性資料分析（qualitative data analysis, QDA）軟體可幫助研究者對其所蒐集的質性資料進行分析。坊間常用的軟體有：NVivo、ATLAS.ti、QDA Miner、WordStat、AnnoTape。其共同特色有以下六點，一是檔案不大但功能強大的質性軟體。二是中文相容性，NVivo、ATLAS.ti有很好的中文相容性。三是操控性，即完全視覺化，極容易上手，操控性極佳。四是可處理的資料，即文字檔的逐字稿（文件檔）、圖像檔、聲音檔、影片檔；請勿誤會，軟體並非能將聲音檔、影片檔自動轉換為文字的逐字稿，而是使用者必須在聲音檔、影片檔中適當的地方加註文字說明。五是主要功能，即編碼（coding）、搜尋特定概念所編碼的段落、建立更高層概念（也可往下建立一層概念）、寫筆記、建立概念之間的關係網絡圖、段落與段落之間的超連結（適合文本分析）、適合無結構的訪談資料、適合團隊工作。六是適合對象，即需要對逐字稿做「編碼分析」、「分類」等質性資料基本分析動作者、團隊研究者、個別研究但有大量多媒體資料需要分析者。讀者可上有關網站下載試用版本、示範檔，了解其軟體特色，作為選用的參考（請見右頁表）。

運用扎根理論進行資料分析3程序

1. 開放式編碼（open coding）

開放式問題的編碼

封閉式問題所設計的回答類別比較明確，因此在處理上會比較有效率。簡單的說，封閉式的問題比較容易被衡量、記錄、編碼及分析。但是有些時候由於以下原因，我們就必須以開放式的問題來發掘資訊：

① 資訊不足
② 研究者無法在事前想像到可能的類別
③ 問題過於敏感
④ 企圖發覺某些特點（discover saliency）
⑤ 鼓勵自然情感的流露

2. 主軸編碼（axial coding）

3. 主題編碼（selective coding）

質性資料分析軟體的試用版網站

軟體名稱	試用版網站
NVivo 8	http://www.qsrinternational.com/products_nvivo.aspx 【附註】軟體名稱後面的數字為版本數。
ATLAS.ti 6	http://www.atlasti.com/demo.php
QDA Miner 3.2	http://www.provalisresearch.com/QDAMiner/QDAMinerDesc.html 【附註】Provalis Research公司發展，可依照個案、變數、主題分別進行分析（進行類似卡方檢定的統計分析）。
WordStat 5.1	http://www.provalisresearch.com/wordstat/Wordstat.html 【附註】Provalis Research公司發展。
AnnoTape	http://www.cobsoftware.com/products.html 【附註】適合錄音稿件、聲音檔案的整理與分析。

五南圖書商管財經系列

職場先修班　給即將畢業的你，做好出社會前的萬全準備！

3M51 面試學
定價：280元

**3M70 薪水算什麼？
機會才重要！**
定價：250元

**3M55
系統思考與問題
解決**
定價：250元

**3M57
超實用財經常識**
定價：200元

**3M56
生活達人精算術**
定價：180元

**491A
破除低薪魔咒：
職場新鮮人必知
50個祕密**
定價：220元

職場必修班　職場上位大作戰！　強化能力永遠不嫌晚！

**3M47
祕書力：主管的
全能幫手就是你**
定價：350元

**3M71
真想立刻去上班：
悠遊職場16式**
定價：280元

**1O11
國際禮儀與海外
見聞**（附光碟）
定價：480元

**3M68
圖解會計學精華**
定價：350元

**491A
破除低薪魔咒：
職場新鮮人必知的
50個祕密**
定價：220元

**1F0B
創新思考與企劃**
定價：400元

五南文化事業機構
WU-NAN CULTURE ENTERPRISE
地址：106 臺北市和平東路二段 339 號 4 樓
電話：02-27055066 轉 824、889 業務助理 林小姐

五南財經異想世界

五南圖書商管財經系列

國家圖書館出版品預行編目資料

圖解研究方法／榮泰生著.--三版.--臺北市：
五南圖書出版股份有限公司, 2022.09
　面；　公分
ISBN 978-626-317-660-7（平裝）

1.CST：企業管理　2.CST：研究方法

494.031　　　　　　　　111002301

1H87

圖解研究方法

作　　　者 ─ 榮泰生

審 定 者 ─ 林碧芳

發 行 人 ─ 楊榮川

總 經 理 ─ 楊士清

總 編 輯 ─ 楊秀麗

主　　編 ─ 侯家嵐

責任編輯 ─ 吳瑀芳

文字校對 ─ 石曉蓉

封面設計 ─ 王麗娟

出 版 者 ─ 五南圖書出版股份有限公司

地　　址：106台北市大安區和平東路二段339號4樓

電　　話：(02)2705-5066　　傳　　真：(02)2706-6100

網　　址：https://www.wunan.com.tw

電子郵件：wunan@wunan.com.tw

劃撥帳號：01068953

戶　　名：五南圖書出版股份有限公司

法律顧問　林勝安律師事務所　林勝安律師

出版日期　2014年7月初版一刷
　　　　　2015年6月二版一刷
　　　　　2019年3月二版三刷
　　　　　2022年9月三版一刷

定　　價　新臺幣350元

經典永恆·名著常在

五十週年的獻禮——經典名著文庫

五南，五十年了，半個世紀，人生旅程的一大半，走過來了。

思索著，邁向百年的未來歷程，能為知識界、文化學術界作些什麼？

在速食文化的生態下，有什麼值得讓人雋永品味的？

歷代經典·當今名著，經過時間的洗禮，千錘百鍊，流傳至今，光芒耀人；

不僅使我們能領悟前人的智慧，同時也增深加廣我們思考的深度與視野。

我們決心投入巨資，有計畫的系統梳選，成立「經典名著文庫」，

希望收入古今中外思想性的、充滿睿智與獨見的經典、名著。

這是一項理想性的、永續性的巨大出版工程。

不在意讀者的眾寡，只考慮它的學術價值，力求完整展現先哲思想的軌跡；

為知識界開啟一片智慧之窗，營造一座百花綻放的世界文明公園，

任君遨遊、取菁吸蜜、嘉惠學子！